스포츠로 만나는 지리

축구에서 서핑까지,
스포츠 속에 숨은 지리 이야기

곰곰

머리말

공간 감수성의 세계로 초대합니다

이 책을 쓰면서 교단에 선 첫 학기가 자주 떠올랐습니다. 목표한 교과서 분량을 어떻게든 끝내고야 말겠다고 다짐하면서 교실로 향하던 제 모습이 말이죠. 돌아보면 꽤 진지한 마음이었던 같습니다. '내가 이렇게 열심히 교재 연구를 했으니 학생들도 그만큼 열심히 따라 주겠지?'라는 믿음으로 부임 첫 학기를 당차게 시작했던 기억이 아직도 선연합니다.

하지만 어떤 이유에선지 아이들의 시선은 칠판을 외면하고 있었습니다. 꾸벅꾸벅 졸거나 아예 엎드려 깊은 잠을 청하려는 아이들도 하나둘 늘어 갔습니다. 개념을 완벽하게 전달하고야 말겠다는 저의 의지가 강할수록, 아이들의 시선은 교실 밖으로 향했던 셈입니다.

변화가 필요했습니다. '가능한 한 모든 학생과 소통하면서도 교과 개념을 충분히 살리고, 나아가 재미있는 공간 이야기를 통해 지식을 확장하기.' 그때 설정한 이 같은 문제의식은 좋은 지리 교사가 되고자 한 저에게 큰 동기부여가 되었습니다.

흥미로운 연결 고리를 교실에 풀어내는 시도를 꾸준히 하면서 수업의 질이 점차 나아짐을 느꼈습니다. 교과 개념에서 파생된 이야기가 교실 안에서 들불처럼 번질 때면 묘한 카타르시스를 느끼기도 했습니다. 그런 감흥과 떨림이 있는 날에는 수업을 꼼꼼히 점검하면서 개념과 생활 세계를 엮는 매개를 심도 있게 탐구해 나갔습니다. 이 작업은 고되면서도 매우 흥미진진했습니다. 스포츠와 지리를 엮어 보려는 시도는 바로 그런 여정에서 움튼 색다른 도전이자 경험의 결실입니다.

지리는 공간을 '제대로' 이해하는 학문입니다. 사람은 공간을 떠나 살 수 없기에 공간에 대한 이해는 곧 사람에 대한 이해이기도 합니다. 인간이 살아가는 공간은 때론 크게, 때론 작게 보아야 맥락을 제대로 짚을 수 있습니다. 지리학적 방법론은 그래서 공간을 이해하는 스케일의 미학을 담고 있습니다.

인간이 즐기는 스포츠도 그렇습니다. 스포츠는 자연이 빚은 지리적 조건에 따라 탄생과 발전을 함께해 왔습니다. 그래서 해당 스포츠가 태동한 공간을 스케일을 달리해 가며 살펴보면, 결국 지리 교과에 담긴 여러 개념과 만나게 됩니다. 콩 심은 데 콩 나고, 팥 심은 데 팥 난다는 말은 지리의 눈으로 스포츠의 요람을 살피면서 제가 자주 떠올린, 아주 적확한 수사였습니다.

삶의 질이 향상되고 여가 시간이 늘면서 스포츠를 즐기는 인구도 꾸준히 늘고 있습니다. 주말이면 삼삼오오 무리를 이룬 '스포츠 족'은 저마다의 공간을 찾아 길을 나섭니다. 몸을 움직여 삶의 에너지를 채우는 일은 고단한 현대인의 활력소입니다. 저 역시 틈틈이 몸을 움직일 공간을 찾고, 때론 좋아하는 스포츠 경기를 관람하며 대리만족을 느낍니다. 그래서 알리고 싶었습니다. 지리라는 도구를 이용해 몇 가지 포인트를 짚어 보면, 내가 좋아하는 스포츠를 더 풍성하게 이해할 수 있다고 말입니다. 무엇보다 청소년들이 이 책을 통해 지리 공부를 더욱 알차고 재미있게 이어가기를 간절히 바랍니다.

간간이 몇 권의 책을 내왔지만, 그때마다 부족한 제 역량의 한계를 깨달았기에 조심스러운 마음입니다. 그럼에도 이 작은 책이 지리 교양의 저변을 넓힐 수 있는 퇴비가 되리라 믿고 있습니다. 이 책에서 학문적·사실적 오류가 발견된다면 그것은 전적으로 저의 잘못입니다. 겸허히 받아 거두어 되새김하겠습니다.

책이 나오기까지 앞에서 당기고 뒤에서 밀어주신 휴머니스트 편집부에 깊은 감사의 말을 전합니다. 나아가 땅과 사람을 바라보는 감수성을 키워 주신 교원대학교 오경섭, 권정화 교수님과 원고를 꼼꼼히 읽으며 학문적 오류를 검토해 주신 조헌 박사님께도 깊이 감사드립니다.

끝으로 하늘에 계신 아버지와 자식을 위해 헌신하신 어머니, 든든한 버팀목인 아내 김현정과 두 아들 형준, 이준에게 마음속 깊은 곳에서 우러나오는 사랑과 존경을 담아 이 책을 바칩니다.

차례

3. 물살을 가르며 온몸으로 느끼는 신비로움과 짜릿함

4. 섬도 숲도 도시도 결국은 연결되어 있다

1.

높고 험한 산이 있기에
하늘로 더 가까이,
땅으로 더 빠르게!

패러글라이딩

PARAGLIDING

파란 하늘과 하얀 구름, 그 사이를 자유롭게 유영하는 새를 보면 어느새 우리 마음도 하늘을 납니다. 20세기 초 라이트 형제가 동력 비행에 성공한 뒤, 본격적으로 항공 시대가 열렸습니다. 인류는 원하는 곳까지 조금이라도 더 빨리 도달하려는 도전 끝에 초음속을 달성했고, 2021년에는 민간인의 우주여행까지 실현되었지요. 하지만 비행을 향한 인류의 목마름은 끝나지 않았습니다. 창공을 나는 새처럼 날 것 그대로의 감각을 온몸으로 느끼고 싶은 욕망이 있기 때문이겠지요.

그래서일까요? 바람을 잡아타려는 사람들이 점차 늘고 있습니다. 이게 무슨 말이냐고요? 산을 깎아 만든 도로를 달리다 보면 산 사이를 오가는 '인간 새'를 어렵지 않게 만날 수 있거든요. 자연이 허락한 만큼만 날 수 있어선지 낙하산의 움직임은 새처럼 부드럽지요. 설핏설핏 모습을 드러내는 패러글라이더의 날개는 신화 속 이카로스의 비행을 떠올리게 합니다. 밀랍과 깃털 대신 최첨단 소재로 중무장한 현대판 이카로스의 둥지는 어디일까요? 지금부터 그들의 둥지에 얽힌 지리적 비밀을 풀어 봅시다. 활공장으로 레츠 고!

어떻게 어디까지 날 수 있을까?

패러글라이딩(Paragliding)은 낙하산을 뜻하는 '패러슈트(parachute)'에 추진력을 얻어 앞으로 나아가는 행위를 뜻하는 '행글라이딩(hang gliding)'을 조합한 말입니다. 패러글라이딩은 새가 양쪽 날개를 쫙 편 채 나는 것처럼 바람을 타고 활공하는 레저 스포츠이지요. 활공장을 선택할 때 가장 먼저 고려할 것은 뭐니 뭐니 해도 바람입니다.

패러글라이딩은 무동력이어서 바람을 잡아타려면 모터를 대신할 튼튼한 다리가 꼭 필요합니다. 있는 힘껏 앞으로 내달려 몸을 띄우면, 나머지는 바람의 몫이지요. 이때 바람을 예측할 수 있으면 더 좋겠지요?

주목해야 할 바람을 꼽자면 바로 산곡풍입니다. 산곡풍은 산간지방에서 하루 주기로 일어나는 순환 바람으로, 산풍과 곡풍을 합쳐 부르는 말이에요. 바람에 이름을 붙일 때는 바람이 시작된 곳을 따른답니다. 그래서 산과 산 사이의 계곡에서 산의 정상부인 산정을 향해 부는 바람은 곡풍이고, 그 반대의 흐름은 산풍입니다. 지상에서 힘껏 달려 바람에 온몸을 맡긴 채 상공에서 미끄러지는 활강을 원하는 패러글라이더라면 곡풍에 장단을 맞춰야 합니다.

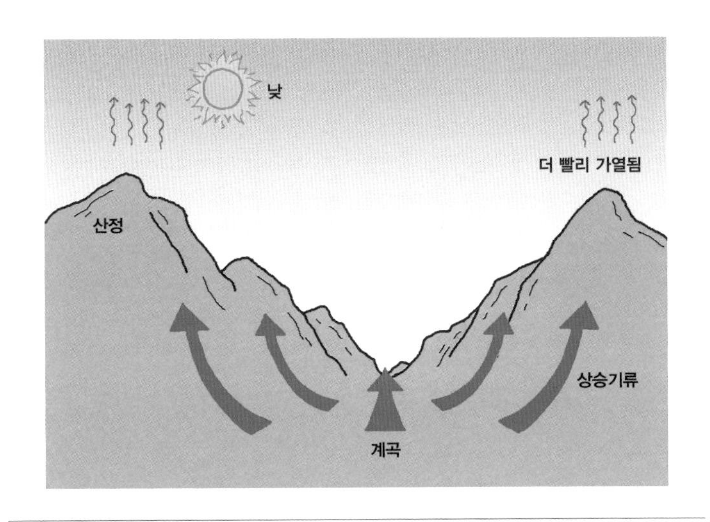

낮 시간대의 곡풍과 상승기류의 형성

곡풍은 근원적으로 산정과 계곡의 해발고도 차이로 만들어집니다. 같은 시간 동안 동일한 태양에너지가 산정과 계곡에 도달했다면, 산정이 조금 더 빨리 가열됩니다. 산정의 기온이 더 빨리 오르는 것은 공기의 밀도가 낮기 때문이에요. 공기의 밀도, 다시 말해 기압이 낮은 곳은 온도 변화에 민감하거든요. 그래서 산정의 기온이 더 빨리 오릅니다.

가열된 공기가 하늘로 도망가고 남은 빈자리는 상대적으로 가열이 더딘 계곡의 공기가 불어 와 채워집니다. 그래서 낮에는 곡풍이 불지요. 능선을 따라 걸을 때 계곡에서 불어오는 시원한 바람에 땀을 식힌 경험이 있다면, 이런 원리에서 비롯된 것이랍니다. 능숙한 패러글라이더라면 사면 상승풍◆을 이용해 사면 상승 비행을 할 수 있겠지요.

경험이 많은 패러글라이더들은 더 오래 활공하기 위해 노력합니다. 패러글라이딩은 무동력인지라 중력의 힘을 거스를 수는 없지만, 상승기류를 적절히 활용하면 몇 시간이고 날 수 있답니다. 엔진 없이 이렇게 오래 하늘에 머무를 수 있다는 사실이 놀랍지 않나요?

하늘로 솟구치는 상승기류는 한여름에 발달하는 뜨거운 열 기류에서 비롯합니다. 지표가 가열되면 높은 곳의 차가운 공기는 내려오고, 뜨거운 공기는 하늘로 오르지요. 마치 용이 승천하는 것처럼 오르는 바람이 바로 상승기류입니다. 상승기류는 찬 공기와 따뜻한 공기가 섞이는 대류현상이지요. 그래서 한여름 낮에 잘 발달합니다. 아시안게임 정식 종목인 패러글라이딩 크로스컨트리(마라톤)가 한낮에 열리는 이유랍니다.

그렇다면 패러글라이더는 어디까지 오를 수 있을까요? 상승기류가 오를 수 있는 최대 높이가 현대판 이카로스의 한계입니다. 상승기류가 오를 수 있는 한계는 기온역전층이고요. 일반적으로

◆ **사면 상승풍** 곡풍이 산지의 사면을 따라 수직 방향으로 거슬러 오르면서 만들어 내는 바람

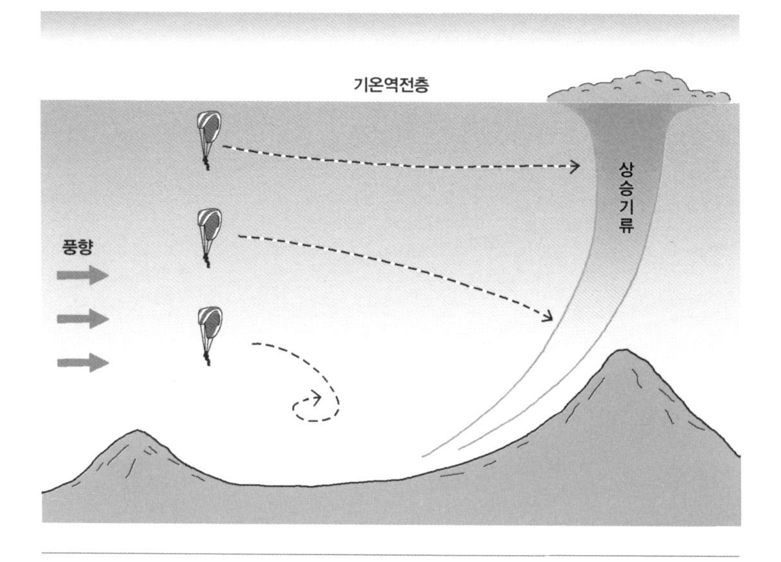

산간 지역에서의 상승기류 형성과 기온역전층

고도가 높아지면 기온이 낮아지지만, 특정 고도에 이르면 밑보다 위의 공기가 뜨거운 '역전'이 발생합니다. 상승기류를 타고 올라온 수증기는 역전층에 가까워질수록 몸이 무거워져 비구름을 만들면서 여정을 마무리하지요. 그래서 한여름의 상승기류는 소나기를 만들어 내기도 해요. 자연력에 의지한 패러글라이더의 욕망은 이렇듯 역전층에서 자연스레 마무리됩니다.

신기조산대에서 즐기는 세계의 패러글라이딩

세계의 패러글라이딩 명소를 지도에 표시하다 보면 알프스·히말라야조산대를 만나게 됩니다. 알프스·히말라야조산대는 아프리카의 아틀라스산맥에서 시작해 유럽의 알프스산맥과 아나톨리아반도를 지나, 히말라야산맥을 넘어 인도차이나반도로 이어지는 동서로 긴 신기조산대입니다. 신기조산대는 지각판의 상호작용으로 만들어져서 대체로 산지의 고도가 높고 험준하지요.

스위스의 인터라켄은 알프스·히말라야조산대에서 손꼽히는 활공 장소입니다. 스위스의 융프라우산이 굽어보이는 활공장에서 도약하면, 하늘을 날며 알프스의 설원을 만끽할 수 있지요. 발 아래로 펼쳐진 브리엔츠 호수와 마을 풍경은 한 폭의 그림으로 다가와 마음을 울립니다.

이웃 나라 프랑스의 안시도 패러글라이딩 장소로 제법 유명합니다. 몽블랑산이 굽어보이는 활공장을 출발하면 안시 시가지와 아네시 호수를 감상하며 활공을 즐길 수 있지요. 프랑스에서 저 멀리 동쪽으로는 네팔의 포카라 활공장이 인기가 높습니다. 히말라야산맥의 안나푸르나가 둘러싼 활공장을 힘차게 도약하면, 거대한 페와 호수와 포카라 시가지를 감상할 수 있어요. 이 지역들의 공통점은 모두 신기조산대가 연출하는 아름다운 지형 경관을

프랑스 안시의 패러글라이딩 활공장

자랑한다는 점입니다.

인터라켄, 안시, 포카라는 신기조산대에 속합니다. 배후의 융프라우와 몽블랑, 안나푸르나가 유명한 것은 만년설 덕분이지요. 해발고도 3,000m가 넘는 설산은 연중 빙하나 눈으로 덮여 있어 자연미가 남다릅니다. 아름다운 설산을 같은 눈높이에서 바라본다면, 아마도 평생 잊지 못할 경험이 되지 않을까요? 상상만 해도 기대됩니다.

이 지역들에는 어김없이 빙하호가 등장합니다. 주변의 빙하 또는 산에서 녹아내린 물은 오랜 시간에 걸쳐 낮은 분지나 땅이 밑으로 꺼진 자리를 메워 호수를 만들었습니다. 찬란한 에메랄드빛 호수는 일대의 기반암인 석회암의 영향 덕입니다. 호수를 메운 물에는 석회질 부유물이 많아, 파란색 계열의 빛이 반사되어 에메랄드빛을 띠는 경우가 많거든요.

정리하자면 신기조산대에서 활공하면 눈으로 뒤덮인 높은 설산과 에메랄드빛 호수, 그리고 그들 사이에서 조화를 이루고 있는 도시를 감상할 수 있습니다. 많은 이가 패러글라이딩으로 이 같은 비경을 담아내려는 데는 다 그만한 이유가 있는 법이지요.

산지 하천에서 즐기는 한국의 패러글라이딩

충청북도 단양, 강원도 영월, 경기도 양평은 우리나라에서 손꼽히는 패러글라이딩 명소입니다. 이 세 곳은 지리적으로 남한강으로 통해요. 남한강은 산지 하천입니다. 산지 하천은 산지 사이를 휘감아 흐르며 아름다운 자태를 뽐내지요. 때론 넓게, 때론 빠르게 굽이치는 산지 하천은 우리나라 산지 전반에 두드러지게 나타나는 지형 유산입니다. 산지 하천은 높은 곳에서 바라볼 때 일품이에요. 패러글라이딩이라면 이 아름다움을 시야에 온전히 담아내기에 충분합니다.

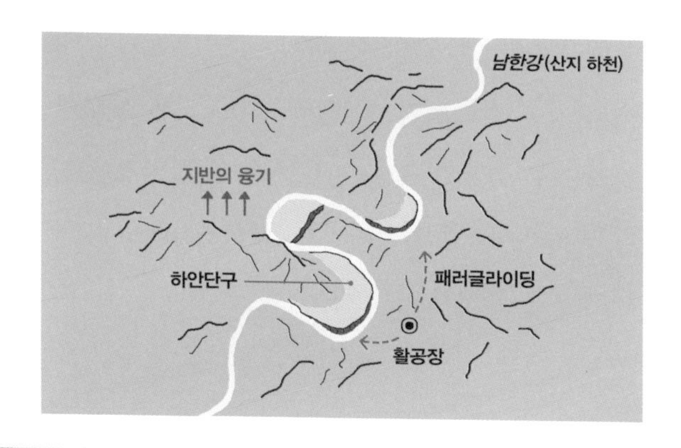

단양의 패러글라이딩 활공장과 하안단구의 위치

단양과 양평의 하늘을 날면 산지 하천 사이에 펼쳐진 널따란 하안단구도 볼 수 있습니다. 하안단구는 하천 주변에 펼쳐진 계단식 언덕이에요. 땅이 조금씩 솟아오르는 과정에서 과거의 하천 바닥이 드러나면서 넓고 평탄한 하안단구가 만들어지지요.

좁은 산지 하천의 하안단구는 주거지와 농경지로 이용되는 최고의 삶터입니다. 지대 역시 높은 편이라 홍수 때에도 안전합니다. 그래서 선조들은 오래전부터 하안단구를 소중히 가꿔 왔습니다. 단양과 양평은 물론이고, 주변의 평창과 정선 등 남한강 줄기를 따라 인간의 삶터를 짚어 보면 하안단구가 아닌 곳이 없을 정도랍니다. 세계문화유산에 등재된 안동의 하회마을 역시 낙동강이 만든 하안단구가 고립시킨 천혜의 삶터입니다.

그렇다면 양평에서 활공할 때 무엇을 보면 좋을까요? 활공하며 저 멀리 남한강을 바라보면 북한강과 하나 되는 두물머리를 볼 수 있을지도 모릅니다. 두 물이 만드는 놀라운 비경엔 산지 하천의 신비가 파노라마처럼 펼쳐지지요. 패러글라이딩을 할 기회가 있다면, 이 장면을 놓치지 마세요!

활공하며 마주한 여러 바다

패러글라이딩을 하며 내려다보는 재미에 바다가 빠질 수는 없지요. 해안이나 섬은 바람이 많아 활공이 수월합니다. 바다를 감상할 수 있는 포인트로 유명한 곳 가운데 하나는 튀르키예 아나톨리아의 남서부에 위치한 항구 도시 페티예입니다. 페티예에서 활공하면 그리스 문명을 꽃피운 에게해와 옥빛 욜루데니즈 해안을 굽어볼 수 있어요. 푸른 에게해의 섬들 사이를 오가는 배는 패러글라이딩에 아름다움을 더해 주는 특별한 감초랍니다.

우리나라에서 바다 패러글라이딩을 즐기고 싶다면 여수나 보령이 좋은 후보지입니다. 여수 마래산 활공장에 오르면 눈앞에 펼쳐진 다도해가 시선을 잡아끌지요. 활공하여 하늘을 오르면 왼쪽으로는 고흥, 오른쪽으로는 남해와 거제로 이어지는 반도 여럿을 볼 수 있습니다. 반도와 반도 사이는 무수히 많은 유인도와 무인도가 여백을 채우고 있어서 그야말로 천하일경이 따로 없지요.

보령도 그렇습니다. 옥마산 활공장에 오르면 태안반도로 이어지는 다도해와 예부터 일궈 온 드넓은 간척 평야를 볼 수 있거든요. 탁 트인 서해는 보령 활공의 묘미! 하늘에서 느끼는 청량감, 말 그대로 '사이다'입니다.

그렇다면 튀르키예의 페티예와 우리나라의 여수나 보령은 어떠한 공통점과 차이점이 있을까요? 두 지역은 지리적으로 리아스 해안이라는 공통점이 있어요. 마지막 빙기를 지나 후빙기에 이르면서 높아진 해수면은 낮은 자리를 메워 다도해를 만들었습니다. 이러한 현상은 전 세계에 걸쳐 일어나면서 여러 지역에 비슷한 경관을 연출했지요.

두 지역의 차이점이라면 다도해를 이루는 섬의 뿌리입니다. 튀르키예는 알프스·히말라야조산대가 지나는 신기조산대지만, 우리나라 서남해의 다도해는 고기조산대예요. 그래서 우리나라가 튀르키예보다 지진 위험이 덜하지요.

날개를 달고 하늘을 날 수 있다는 사실, 그 자체만으로 신화 속 이카로스가 해내지 못한 현대 인간의 작은 성취입니다. 온 몸을 바람에 맡기고 멋진 자연 풍광을 감상하는 일은 '인간의 도전이 이룬 값진 사치'라고 표현할 수 있겠네요.

암벽등반
ROCK CLIMBING
암벽등반가와 마법의 돌

영화 속 스파이더맨은 손바닥에서 뿜어져 나오는 끈끈한 거미줄을 이용해 수많은 빌딩 사이를 오갑니다. 중력을 자유자재로 다루는 그의 초능력은 묘한 쾌감을 선사하지요. 땅바닥을 기듯 수직 절벽을 손쉽게 오르는 스파이더맨을 보며 우리가 대리만족하는 이유는, 그의 능력이 중력을 이기고 싶어 하는 인간의 욕망에 닿아 있기 때문일 것입니다.

인간은 중력 덕분에 안정된 삶을 살 수 있지만, 중력으로부터 자유롭기를 원하기도 하죠. NBA 명예의 전당에 오른 전설적인 농구선수 마이클 조던처럼 높이 뛰어오를 수 있다고 해도 공중에 떠 있는 시간은 고작 3초 안팎이라고 하네요.

하지만 평범한 우리도 중력에 도전해 볼 수 있습니다. 아무도 가지 않은 길도 끝끝내 가 보는 도전 정신과 목표를 반드시 이루고자 하는 성취욕과 끈기가 있다면요. 우리 주변을 돌아보면 안간힘을 쓰며 중력과 사투를 벌이는 '현실판 스파이더맨'을 만날 수 있습니다. 천 길 낭떠러지 절벽을 거침없이 오르는 이들! 바로 암벽등반가입니다.

암벽등반의 성지, 요세미티 국립공원

암벽 좀 타 본 사람이라면 알 만한 암벽등반의 성지가 있습니다. 바로 미국 캘리포니아주에 있는 요세미티 국립공원이에요. 미국 최초의 국립공원이기도 한 이곳은 세계적으로 손꼽히는 대자연의 모습을 간직하고 있습니다. 공원 입구에 들어서면 웅장한 바위들이 줄지어 있지요. 모양도 크기도 제각각이지만, 모두 화강암 가족이랍니다.

화강암은 이름부터 남다른 구석이 있습니다. 꽃 화(花), 산등성이 강(崗), 바위 암(巖)으로, '산등성이에 꽃처럼 핀 바위'라는 뜻입니다. 그도 그럴 것이 화강암으로 이루어진 산세는 기암괴석◆이 주를 이뤄 멀리서 보면 산 위에 꽃이 핀 것처럼 아름답거든요. 게다가 빛깔이 밝아 태양빛을 받으면 찬란하게 빛나기도 합니다. 우리나라의 울산바위를 떠올리면 이해가 쉬울 거예요.

요세미티 국립공원에는 그런 화강암이 파노라마처럼 펼쳐집니다. 암벽등반가는 바위를 오른다기보다는 산에 핀 꽃 바위를 오른다고나 할까요? 꽃을 쫓는 꿀벌처럼 암벽등반가는 남다른 규모의 화강암에 오르고자 합니다.

◆ **기암괴석** 기이하게 생긴 바위와 괴상하게 생긴 돌

속초를 병풍처럼 감싸고 있는 울산바위. 천연기념물 제171호다.

그렇다면 요세미티의 거대 화강암 군락은 어떻게 만들어진 걸까요? 화강암은 암석학적으로 심성암(深成巖)입니다. 심성암은 땅속 깊은 곳에서 만들어졌다 해서 붙여진 이름이에요. 땅속에서 암석이 되려면 원료가 필요한데, 그게 바로 마그마이지요.

거대한 판과 판의 움직임은 상상을 초월하는 엄청난 힘으로 뜨거운 마그마를 만듭니다. 마그마는 마치 제철소의 쇳물처럼 지각의 갈라진 틈을 따라 흐르게 돼요. 이 과정에서 마그마가 지각을 뚫고 뿜어져 나와 굳으면 분출암이 됩니다. 제주도에서 흔히 볼 수 있는 현무암이 대표적인 분출암입니다.

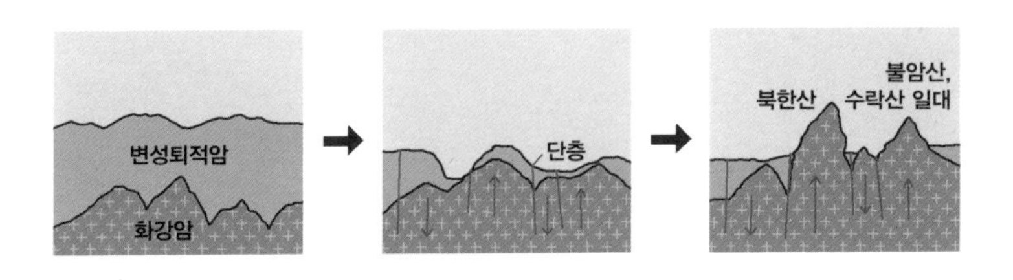

북한산 일대의 화강암 산 형성 과정

마그마가 미처 빛을 보지 못하고 안에서 굳으면 심성암이 됩니다. 그중 하나가 바로 화강암이고요. 요세미티 국립공원의 대규모 화강암 군락은 이 같은 기본 형성 요건에서 탄생한 것이지요. 여느 화강암 지역과의 차이점이라면 그 규모가 압도적이라는 것입니다.

여기서 한 가지 놓쳐선 안 될 것이 있습니다. 바로 마그마가 굳는 깊이입니다. 화강암이 만들어진 자리를 수백 미터 깊이 정도로 생각하면 오산이에요. 곳에 따라 그 깊이가 수만 미터에 이르거든요. 그런 점에서 오늘날 산을 이룬 화강암은 가히 환골탈태 수준의 변화를 겪어 왔다고 할 수 있어요. 깊은 땅속의 화강암은 어떻게 산이 되었을까요?

이해를 돕기 위해 간단한 사고실험을 해 봅시다. 새로 산 운동화가 있습니다. 운동화 바닥을 보면 뒷굽이 여러 겹의 고무로 이루어져 있지요. 이 중 겉이 아닌 속을 이루는 소재를 화강암이라고 가정해 보세요. 며칠 지나 운동화의 밑 부분을 보면 여전히 새 것 같고, 바닥은 과연 닳아 없어지기는 할지 의심스럽습니다. 하지만 잊은 채 한참 지내다가 우연히 운동화 바닥을 보면, 어느새 가장 바깥쪽의 고무가 닳아 없어졌다는 사실을 알게 됩니다.

화강암도 그렇답니다. 세월 앞에 장사 없듯, 수만, 수천 미터 깊이에 묻혀 있던 화강암은 억겁의 세월이 흘러 지금의 모습으로 변했습니다. 시간 스케일이 다를 뿐, 화강암과 운동화 밑창의 고무는 형성의 궤가 같아요. 오래된 운동화를 신고 화강암 위를 딛는 일은 화강암의 오랜 세월을 발바닥으로 마주하는 경험입니다.

요세미티 화강암의 랜드마크, 하프돔

요세미티 화강암 군락의 대표를 꼽으라면 두말할 것 없이 하프돔입니다. 하프돔은 거대한 암반의 절반이 깔끔하게 잘려 나간 모양이 특징이지요. 하프돔은 전 세계 화강암의 아이콘으로 불리며 남다른 위용을 뽐냅니다.

독특한 하프돔의 모양은 빙하의 산물이에요. 거대한 바위를 날카롭게 자를 수 있는 조물주의 도구는 빙하가 유일하니까요. 빙하가 그토록 힘이 센지 궁금하다면, 인터넷 지도로 피오르를 검색해 보세요. 검색 알고리즘이 선별한 곳 중 노르웨이로 가 보면

요세미티 국립공원의 화강암반과 하프돔

거대한 산지 사이를 메운 고즈넉한 피오르 경관을 만날 수 있습니다.

피오르는 산과 산 사이의 골짜기에 바닷물이 차올라 만들어진 복잡한 해안선입니다. 여기서 바닷물만 걷어내면 요세미티 하프돔 일대와 일치율이 높은 경관을 만날 수 있어요. 두 지역 모두 조각 도구가 빙하라서 깎아낸 자리의 형태가 같지요. 하프돔의 한쪽 면이 거의 직각에 가까운 것은, 빙하가 지난 자리이기 때문입니다. 근대 건축에서 형태는 기능을 따른다지만, 자연 공간에서의 형태는 탄생 이력을 말해 주는 셈이지요.

하프돔은 해발고도 약 2,700m로, 수직 절벽 구간만도 600m에 달하는 극한의 암벽입니다. 그래서 오랜 경험과 연륜을 쌓은 등반가만이 수직 절벽을 오를 수 있어요. 천 길 낭떠러지를 오르기 위해 갖춰야 할 것은 강한 체력과 정신력입니다. 서울의 롯데월드타워(높이 555m)보다도 높은 수직 절벽이니, 하루 만에 오르지는 못하고 사나흘을 절벽에서 보내야 정상에 닿을 수 있어요.

그러함에도 하프돔의 수직 절벽은 전문 암벽등반가에게는 꼭 가 보고 싶은 곳이지요. 수직 절벽의 위용을 생각하면 새삼 놀라운 일이 아니겠지요. 그런데 여기엔 사뭇 재미있는 지리적 도움이 숨어 있습니다. 무슨 뜻일까요?

가까이에서 바라본 화강암의 세계

하프돔의 절벽에 가까이 다가가면 멀리서는 보이지 않았던 암벽 등반의 든든한 조력자를 발견할 수 있습니다. 하나는 화강암의 조암광물이고, 다른 하나는 화강암의 풍화 양상이에요. 먼저 조암광물부터 알아볼까요?

조암광물은 암석을 구성하는 자그마한 물질을 일컫습니다. 화강암을 가까이에서 보면 어두운 흑색, 반짝이는 황색, 투명한 흰색 계열의 입자가 눈에 띄지요. 이는 흑운모, 장석, 석영입니다.

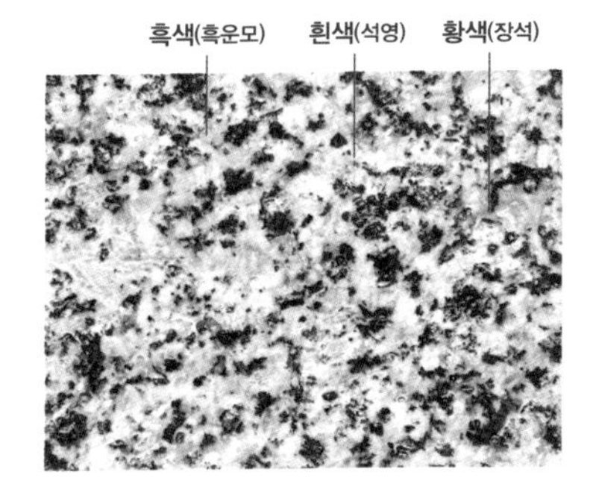

흑운모, 장석, 석영이 섞인 화강암의 조암광물 구성은 마치 오레오 아이스크림 같다.

세 가지 조암광물은 한데 뒤엉켜 화강암을 이룹니다.

이 중 가장 단단하고 강한 물질이 석영이에요. 석영은 단단한 만큼 강한 상태로 오래도록 화강암 표면에 남습니다. 화강암의 표면은 석영 알갱이 때문에 손으로 쓰다듬으면 거친 느낌을 주지요. 만약 화강암의 표면이 대리암처럼 매끄럽다면, 화강석 암벽을 오를 수도 없겠지요?

다음으로 풍화 양상을 짚어 봅시다. 풍화는 암석이 작은 알갱이로 쪼개지는 일련의 과정이에요. 그런데 화강암, 특히 요세미티 국립공원의 하프돔처럼 돔의 형태를 띤 화강암의 특별한 풍화 과정이 있습니다. 바로 박리입니다.

앞서 이야기했듯 화강암은 오랜 인고 끝에 세상의 빛을 보았어요. 화강암을 덮고 있던 암석이 너무나 오래도록 세게 짓누른 탓일까요? 지표에 노출된 화강암은 해방감에 움츠린 몸을 폅니다. 이 과정에서 암석의 부피가 팽창하면 돔의 껍데기에 해당하는 부분이 양파껍질처럼 벗겨져 나가는 박리 현상이 나타나지요. 그래서 돔의 형태를 띠는 화강암에는 박리 현상으로 인한 틈(균열)이 곳곳에 생깁니다. 손을 짚을 곳이 필요한 암벽등반가에게 이는 큰 선물이랍니다.

비교 지역의 이해, 북한산의 인수봉과 브라질의 슈거로프

북한산의 인수봉은 암벽등반의 명소입니다. 인수봉은 온전한 돔의 모양을 한 화강암반으로 이루어져 있어요. 북한산의 최고봉인 백운대에 올라 인수봉을 바라보면 전체적으로 밝고, 박리 현상으로 만들어진 여러 틈이 있는 것을 관찰할 수 있지요. 하프돔과는 규모와 방향성, 빙하의 영향 정도가 다를 뿐, 화강암 돔이라는 본질적 요소는 같습니다.

브라질 리우데자네이루에 있는 슈거로프(Sugar Loaf) 또한 세계적으로 유명한 화강암 돔입니다. 슈거로프는 아름다운 바다가 내려다보이는 완벽한 화강암 돔의 형태를 띠고 있지요. '설탕 빵'이라는 뜻의 슈거로프는 흔히 빵산이라고 불린답니다. 그도 그럴 것이 슈거로프산은 보는 맛이 이름처럼 달거든요. 슈거로프를 오르

북한산 인수봉(위), 리우데자네이루 슈거로프(아래)

면서 바라보는 리우데자네이루의 멋진 해안선은 고된 등반의 든든한 도우미지요. 슈거로프 역시 앞선 화강암 돔 같은 형성 과정과 특징을 지닌 남미의 명소이자 랜드마크입니다.

지리적인 시선으로 공간을 바라보는 것은 무척 흥미로운 일입니다. 하프돔을 제대로 이해하면 세계 여러 곳의 비슷한 경관을 한데 엮을 수 있는 것처럼요. 암벽등반가가 되고 싶다면 화강암 돔에 관심을 가져 보세요. 아는 만큼 보인다고 했듯이, 무엇이든 알고 보면 새로울 테니까요.

스키
SKIING

'인간 탄환'이라고 불린 육상선수 우사인 볼트는 최고 시속 44㎞ 정도의 속도를 낸 적이 있습니다. 그가 어린이 보호구역에서 뛰면 과속 벌금을 내야 한다는 우스갯소리가 있을 만큼 빨랐지요. 2008년 베이징 올림픽에서 뛰는 도중 옆을 힐끗 쳐다보는 여유를 부리던 그의 모습은 단거리 육상 경기에서 손꼽히는 이색 장면입니다.

하지만 볼트의 가공할 속도는 어디까지나 인간계로 한정됩니다. 곰, 코끼리 심지어 하마도 볼트보다 빠르거든요. 너무 슬퍼하진 마세요. 우리 인류는 도구를 사용할 줄 아는 호모 파베르잖아요. 스키를 신고 달리면 시간당 최고 160㎞에 달하는 가공할 속도를 느낄 수 있습니다.

그런 점에서 알파인 스키어는 인간계 속도의 최고수라 부를 만합니다. 가파른 산지를 내달리는 알파인 스키어의 몸동작은 관중에게 짜릿한 쾌감을 선사하지요. 이것이 동계올림픽에서 알파인 활강 경기장이 사람들로 북적이는 까닭인데, 흥미롭게도 알파인 경기장에는 지리적으로 공통된 문법이 있습니다. 바로 지형성 강설입니다.

알파인 스키의 8할, 지형성 강설

알파인 스키의 대전제는 충분한 눈입니다. 어쩌다 한 번 구경할 수 있는 눈이 아닌, 평생 몇 번 볼까 말까 한 엄청난 양의 눈이면 더 좋아요. 지형성 강설이란 지형 조건으로 눈이 잘 만들어지는 현상을 일컫는 말인데요, 만약 지형 조건으로 비가 온다면 지형성 강우이고, 강우량과 강설량을 합하면 강수량이 됩니다.

먼저 저위도라면 눈 결정이 지표에 닿기 힘들겠지요? 저위도에서는 연중 뜨거운 태양복사 에너지를 수직에 가깝게 마주하고 있으니까요. 해발고도가 아주 높은 산지의 정상부 정도가 아니라면,

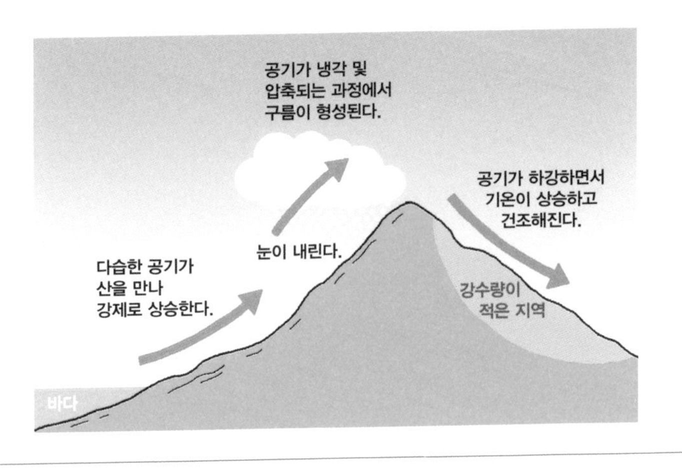

지형성 강설 모식도

눈부신 태양 아래 설산을 가르는 알파인 스키어의 모습

눈의 결정이 만들어져도 이내 비로 바뀌고 맙니다. 그래서 눈이 많이 오는 곳은 중위도 이상인 경우가 많아요.

중위도 이상의 조건에서도 고위도 지역은 눈보다는 얼음에 가까운 지표 환경에 놓입니다. 고위도 지방에서 쉽게 관찰되는 대륙 빙하는 한번 내린 눈이 다시 바다로 돌아가지 못하면서 만들어진 경우가 대부분이에요. 알파인 스키를 즐기기엔 적합하지 않겠죠? 게다가 나무가 자라기 힘든 환경이어서 활강하며 바라보는 '풍경의 맛'이 다소 실망스러울 수도 있습니다. 하지만 중위도의 지형성 강설 지역은 눈의 양과 풍경 모두를 만족시킵니다. 겨울철 엄청 내린 눈은 아름드리나무마다 눈을 얹고, 가파른 산지를 설원으로 바꿔 놓지요.

중위도의 지형성 강설은 수증기와 바람의 조합으로 만들어집니다. 그래서 올림픽 알파인 경기를 치르려면 수증기 공급이 원활하고 바람이 일정한 곳이어야 합니다. 그렇다면 이런 연상이 가능하겠네요. 바다에서 불어 오는 꾸준한 바람이 수증기를 담아 땅으로 공급하는 모습 말이에요. 수증기를 충분히 머금은 공기가 지형 장벽을 오르며 지형성 강설을 만들면 가장 이상적인 알파인 경기장이 만들어집니다. 알파인 스키를 올림픽 수준으로 치르기 위해선 이처럼 까다로운 지리적 조건을 모두 갖추어야만 해요. 동계올림픽의 개최지가 제한되는 이유를 이제 알겠죠?

한국의 지형성 강설 아이콘, 대관령

한국은 동계올림픽을 개최한 세계에서 몇 안 되는 나라 중 하나입니다. 동계올림픽의 역대 개최국이 하계올림픽보다 적은 것은 그만큼 개최 조건이 까다롭기 때문이지요. 앞서 말했듯이 동계올림픽을 치르려면 야외에서 펼쳐지는 알파인 경기를 감당할 수 있어야 합니다. 한국은 지형성 강설이라는 든든한 조력자를 통해

2018년 평창 동계올림픽 로고와 마스코트 수호랑(왼쪽), 반다비(오른쪽)

알파인 경기를 훌륭히 치러 냈습니다.

평창 동계올림픽의 알파인 경기가 치러진 곳은 넓게 보아 대관령 일대입니다. 대관령은 강원도를 영동지방과 영서지방으로 나누는 경계이자 태백산맥을 넘나드는 고갯길이지요. 대관령 일대는 해발 800m를 넘는 고원으로, 지형성 강설의 축복을 받은 곳입니다.

겨울철의 한반도는 고위도 시베리아에서 불어오는 차갑고 건조한 북서 계절풍의 영향권에 들게 됩니다. 하지만 북서 계절풍은 우리나라 서해를 지나면서 상대적으로 따뜻한 수증기를 잔뜩 품게 됩니다. 이 수증기는 상대적으로 동쪽이 높게 치우친 중부지방의 산지를 따라 오르면서 무거워져요. 눈구름은 무거운 몸으로 산을 넘기보다는 비우고 가는 쪽을 택하지요. 눈구름에 담긴

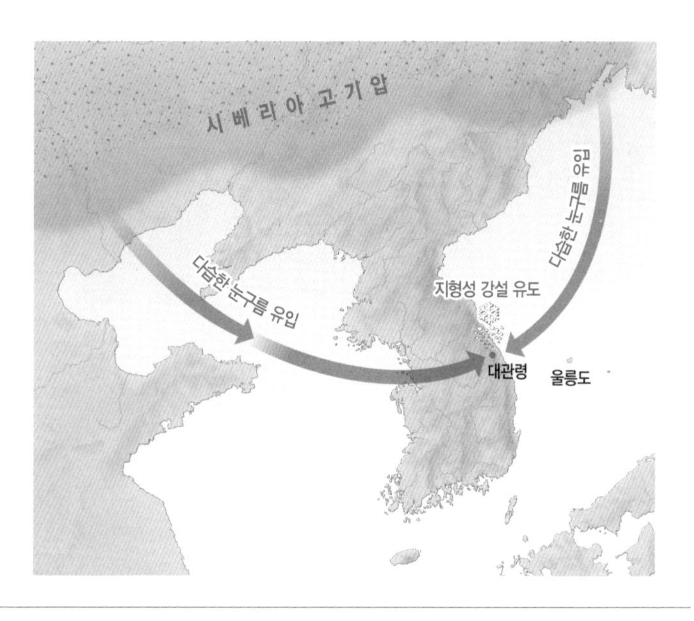

한반도의 지형성 강설 모식도. 울릉도는 가파른 지형 조건으로 지형성 강설이 탁월해, 국내 최다설지가 되었다.

수증기 대부분은 눈이 되어 대관령 일대를 덮고, 가벼워진 몸으로 영동지방을 향해 내려갑니다. 고지대에 위치해 겨울철 기온이 줄곧 영하로 떨어지는 대관령은, 이처럼 구름이 내준 많은 양의 눈을 축적하지요.

놀라운 점은 대관령은 반대 방향에서 불어오는 바람에서도 눈을 받아 낼 수 있다는 거예요. 우리나라에 영향을 주는 시베리아 고기압은 세력이 강할 때 동쪽으로 세를 넓혀 동풍을 보냅니다.

동해의 수증기를 머금은 바람은 이번엔 반대 방향으로 태백산맥을 넘는 과정에서 눈을 선사하지요. 이 눈구름은 서해상을 지나는 눈구름보다 훨씬 많은 수증기를 머금고 있어서 더 촉촉한 눈을 내립니다. 이는 동해가 서해보다 훨씬 넓고 수심이 깊으며 수온이 높아서 생기는 일이랍니다. 2월경 동해상에 진입하는 눈구름은 동계올림픽 알파인 경기 시기와 절묘하게 맞아떨어집니다. 이것이 바로 대관령이 위도가 높지 않음에도 많은 눈을 확보하고, 알파인 스키를 치러 낼 수 있었던 이유이지요.

지형성 강설과 동계올림픽

시야를 넓혀 지형성 강설의 도움으로 알파인 경기를 잘 치러 낸 다른 장소들을 찾아볼까요? 일단 수증기가 풍부한 바다를 지나는 탁월풍이 지형과 만나는 곳이되 너무 추워 연중 얼음으로 뒤덮인 지역을 피하면 되겠네요. 중위도에서 해당 조건을 찾는다면 아무래도 넓은 바다를 지나는 편서풍 지역이겠지요. 이 지역에선 마치 약속이나 한 듯, 동계올림픽을 치러 낸 공통점이 있지요.

1998년 동계올림픽은 일본의 나가노에서 열렸습니다. 나가노는 일본 열도 최대의 섬 혼슈의 중앙에 위치합니다. 대륙적 시야에서 보면 일본 열도는 동해를 마치 활처럼 휜 상태로 둘러싸고

일본 나가노의 알파인 스키장 전경

있는 모양새예요. 여기에 주목하는 까닭은 겨울철 북서쪽에서 불어오는 바람을 확실하게 껴안을 수 있기 때문입니다.

시베리아에 자리한 고기압이 강력하게 세력을 확장할 때면 동해의 수증기를 충분히 머금은 공기가 혼슈에 닿습니다. 신기조산대에 속한 일본의 산세는 가파르고 높지요. 공기는 어떻게든 산지를 타고 오르려다 동해상에서 애써 모은 수증기를 눈으로 내려놓습니다.

나가노는 바로 그런 공기가 모일 수 있는 내륙 깊숙한 산자락에 자리한 고원 도시입니다. 나가노는 대략 북위 36도에 위치하고 있는데요, 동계올림픽을 치르기엔 상당히 낮은 위도대에 속합니다. 그럼에도 나가노는 지리적 조건의 도움으로 알파인 스키 경기를 훌륭하게 치러 냈습니다. 가와바타 야스나리의 소설 《설국(雪國)》의 주요 무대가 이곳과 멀지 않은 것은 우연이 아니지요.

피겨 선수 김연아가 환상적인 금빛 연기를 펼친 2010년 동계올림픽 무대는 캐나다 밴쿠버입니다. 밴쿠버는 태평양과 가까워 연중 습윤한 태평양의 편서풍을 직접 마주하지요. 밴쿠버 뒤로는 높고 가파른 신기 습곡 산지가 있어 태평양에서 들어오는 습한 공기를 막아 줍니다. 이른바 지형성 강설이 발생하는 환경이지요.

이 같은 지리적 조건으로 벤쿠버는 여름과 겨울에 촉촉한 비와 눈이 내립니다. 한 번씩 충분히 제공되는 눈은 겨우내 산지에 남아 알파인 스키의 든든한 밑바탕이 됩니다. 나가노와 마찬가지로 바다를 통과한 탁월풍이 지형과 만나 지형성 강설을 내린 결과이지요. 노르웨이에서 열린 1994년 릴레함메르 동계올림픽 역시 정도의 차이가 있을 뿐, 지리적 속성으로 보자면 이 지역들과 서로 통합니다.

동계올림픽 개최지를 아우르는 지리적 공통점 한 가지를 더 꼽자면 신기 습곡 산지입니다. 프랑스의 알베르빌과 그르노블, 오스트리아의 인스부르크, 이탈리아의 토리노는 신기 습곡 산지인 알프스 산지의 도움을 받습니다. 미국의 스쿼벨리, 솔트레이크시티, 캐나다의 캘거리 등 역시 신기 습곡 산지인 로키 산지의 영향권에 속하지요. 지형성 강설의 충분한 조력을 받을 수 없는 곳은, 이처럼 오랫동안 눈을 축적한 신기 습곡 산지 곁에서 알파인 경기를 치를 수 있습니다.

이렇게 보면 고기 습곡 산지에 속한 우리나라가 동계올림픽을 치를 수 있었던 것은 전적으로 지형성 강설 덕분이네요. 앞으로 개최될 동계올림픽 예정지에 관심을 가져 보면 어떨까요? 제법 흥미로운 지리적 사고실험이 될 것입니다.

지구온난화가 위협하는 동계올림픽

열사의 땅 아랍에미리트의 두바이에는 거대한 실내 스키장이 있습니다. 두바이는 높이가 무려 830m에 이르는 초고층 빌딩 부르즈 할리파 건설을 시작으로 인공 섬과 세계 최대 규모의 쇼핑몰, 나아가 실내 스키장까지 조성하며 환경의 제약을 자본의 힘으로 극복해 왔어요. 두바이의 실험이 세간의 주목을 받아 온 것은 불모지 사막의 땅이기 때문입니다. 하지만 두바이의 도전 정신이 아무리 뛰어나도 사막에서 알파인 스키를 즐기기란 역부족이지요. 나아가 동계올림픽 개최는 언감생심 꿈꾸기 힘든 일이고요.

2014년 소치 올림픽에서 알파인 스키 경기가 치러진 로자 후토르 스키 센터

2014년 러시아 소치에서 열린 동계올림픽은 이상고온현상으로 곤욕을 치렀습니다. 야외에서 치러지는 알파인 스키는 지구온난화의 영향을 직접적으로 받습니다. 기온이 오르면 눈은 자연히 녹기 마련이니까요. 이를 막으려면 인공적으로 눈을 만드는 방법밖에 없는데, 여기엔 천문학적인 비용이 발생합니다. 알파인 경기를 치르는 모든 코스는 약 1.5m 내외의 눈이 균일하게 덮여야 하거든요. 그래서 자연 눈은 알파인 스키의 든든한 조력자입니다. 제아무리 인공 눈을 만드는 기술이 발달했다지만, 자연 눈을 대체하기란 여러모로 풀어야 할 숙제가 많다는 이야기지요. 국제올

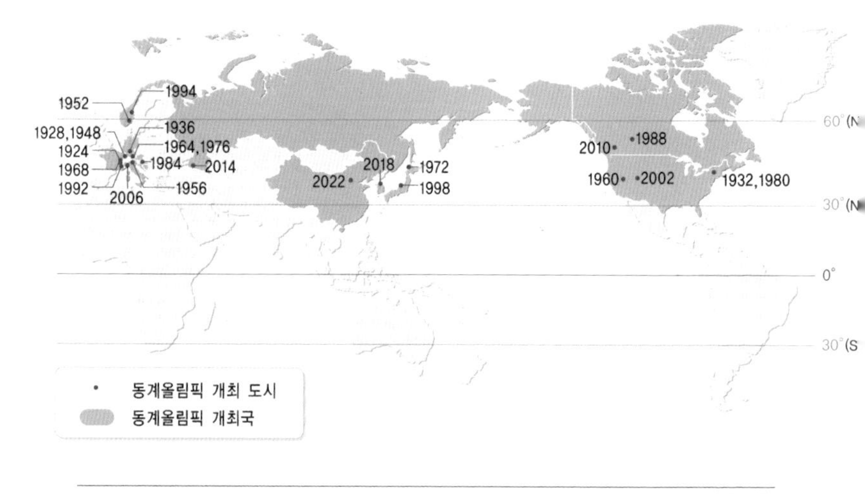

역대 동계올림픽 개최지

림픽위원회에서 시간이 갈수록 동계올림픽 개최 불가능 지역이 늘어날 거라 예측하는 이유입니다.

마지막으로 동계올림픽 개최지를 하나씩 지도에서 찾다 보면 한결같이 북반구 지역이라는 흥미로운 사실을 알게 됩니다. 남반구에서 동계올림픽을 열지 못한 까닭은 물과 땅의 지리적 분포에서 찾을 수 있어요. 북반구는 대륙의 비율이 높아 차가운 대륙 기단이 잘 발달하는 반면, 남반구는 해양의 비율이 높아 대륙 기단의 발달이 어렵지요.

그러함에도 개최 가능 지역을 꼽자면, 칠레 남부와 뉴질랜드

남섬입니다. 두 나라는 모두 신기 습곡 산지를 곁에 두고 있고, 태평양에서 불어오는 습윤한 편서풍의 영향을 꾸준히 받습니다. 올림픽을 열 수 있는 경제력만 있다면, 이 지역들에서 남반구 최초의 동계올림픽을 개최할 여지는 충분합니다. 같은 논리로 아프리카 대륙이 동계올림픽을 개최할 가능성은 현저히 낮은 셈이고요. 약간의 지리적 사고와 세계지도 한 장이면, 이처럼 세계인의 겨울 축제를 훌륭히 읽어 낼 수 있답니다.

2.

땅 위에서 펼쳐지는 스펙터클

야구

BASEBALL

메이저리그 베이스볼을 위한 지리 스케치

사람들이 좋아하는 일에는 다 이유가 있는 법입니다. 야구가 그렇습니다. 한국에서 야구는 어느새 10개 구단을 가진 명실상부 최고의 인기 스포츠가 되었지요. 야구팬이라면 시즌 초 우승에 대한 기대감에 부풀 거예요. 그도 그럴 것이 역대 프로야구 정규 시즌 우승팀의 승률은 6할 내외거든요. 7할을 넘기는 경우는 극히 드물고, 5할을 조금 넘겨 우승한 팀도 부지기수입니다. 이 수치가 뜻하는 바는 명확합니다. 지난해 팀 성적이 좋지 않았더라도, 올해는 왠지 우승할 것 같은 기대감을 준다는 것! 그래서일까요. 야구는 4번 타자로만 구성된 팀이라도 우승을 장담할 수는 없습니다.

야구의 승률은 불확실성이 높다고 하지만, 프로야구단이 있는 도시들은 제법 규칙적인 입지 패턴을 보입니다. '팬심'으로만 보자면 원하는 곳 어디라도 야구단을 만들고 싶겠지만, 그 입지는 지리적 밑그림 위에 그려진다는 거예요. 프로야구단은 어떤 입지 패턴을 보일까요? 야구의 본고장인 미국의 자연 및 인문지리적 요소로 그 해답을 추적해 봅시다. 그 이름도 찬란한 메이저리그 베이스볼, 아니 '빅 리그'에서요!

빅 리그를 위한 첫 번째 밑그림

지도를 펼쳐 메이저리그 구단이 속한 도시를 표시해 보면, 구단의 분포는 유독 세 지역에서 도드라집니다. 밀집도로 보면 가장 먼저 오대호 연안이 눈에 들어오네요. 시카고, 디트로이트를 비롯한 여러 구단은 마치 약속이나 한 듯 오대호 주변에 옹기종기 모여 있습니다. 이러한 분포의 밑그림에 놓인 지리적 핵심은 흥미롭게도 빙하입니다.

약 1만 년 전, 오대호 주변은 로렌타이드 대륙 빙하의 세상이었습니다. 오늘날 오대호는 이 대륙 빙하가 녹으면서 깎은 거대한 분지에 물이 채워지면서 만들어졌어요. 오대호는 호수 이상의 가

오대호 단면도와 메이저리그 구단의 위치

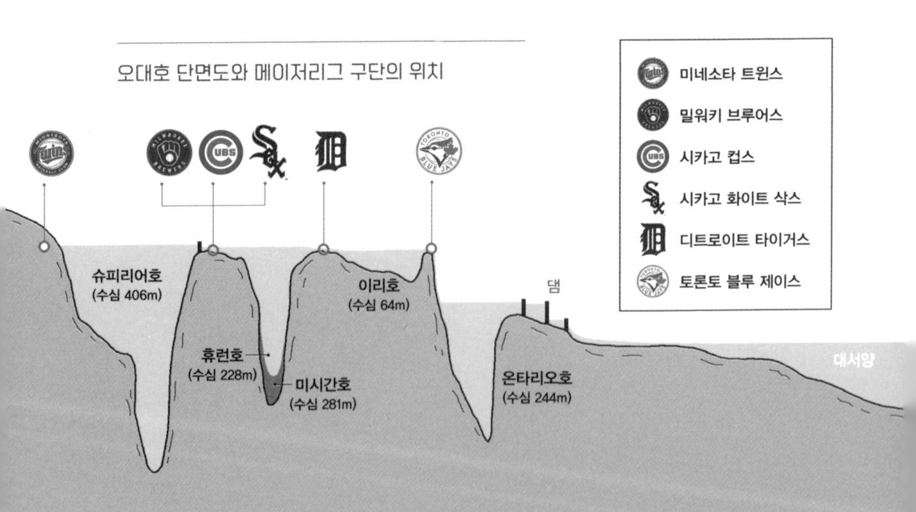

치를 지니는데요, 아슬아슬하게 좁은 지협을 통과하다 보면 어느새 활짝 열린 대서양을 만날 수 있기 때문입니다. 이러한 지리적 이점으로 중부 내륙 지역에도 배가 드나들 수 있었지요.

그런가 하면 오대호 일대는 철광석 매장량이, 가까이에 있는 애팔래치아산맥에는 석탄이 풍부했습니다. 이른바 산업화에 최적화된 지리적 조건 덕에 오대호 일대는 일찍부터 산업이 발달했지요. 그래서 오대호 연안에는 인구가 집중되면서 도시가 발달했습니다. 시카고, 디트로이트, 클리블랜드 등지에 밀집한 메이저리그 구단은 오대호 연안에 집중된 자본력의 증거라고 할 수 있겠네요.

메이저리그 구단을 보유한 대서양 연안의 도시들도 마찬가지입니다. 대서양 연안의 도시들은 부강한 유럽과 가깝다는 지리적 이점이 있습니다. 그래서 이민자가 많았고 오대호에서 파생되는 경제효과도 톡톡히 누릴 수 있었어요. 나아가 대서양을 이용한 해상무역이 궤도에 오르면서 막강한 자본력도 갖추게 되었지요.

이러한 흐름은 보스턴, 뉴욕, 필라델피아, 볼티모어, 워싱턴 D.C.로 연결되는 거대 도시의 발달로 이어져 메갈로폴리스의 탄생을 알렸습니다. 뉴욕 맨해튼의 월가는 메갈로폴리스의 금융자본을 상징하지요. 마치 하얀 도화지가 물감을 빨아들이듯, 메이저리그 구단은 이처럼 자본력을 지닌 도시 속에 자연스럽게 스며들

뉴욕항에서 바라본 맨해튼의 모습. 메갈로폴리스는 '거대한'을 뜻하는 그리스어 메갈로(megalo)와 '도시'를 뜻하는 그리스어 폴리스(polis)가 합쳐진 단어로, 여러 개의 대도시가 띠 모양으로 연결된 도시 형태를 뜻한다.

었어요. 빅 리그 구단이 밀집한 이 지역들이 성장할 수 있었던 근원적인 동기는 바로 지리입니다.

빅 리그를 위한 두 번째 밑그림

서부 지구에 속한 메이저리그 구단을 살펴보면 태평양 연안을 만나게 됩니다. 시애틀에서부터 샌디에이고까지 줄지은 구단 분포

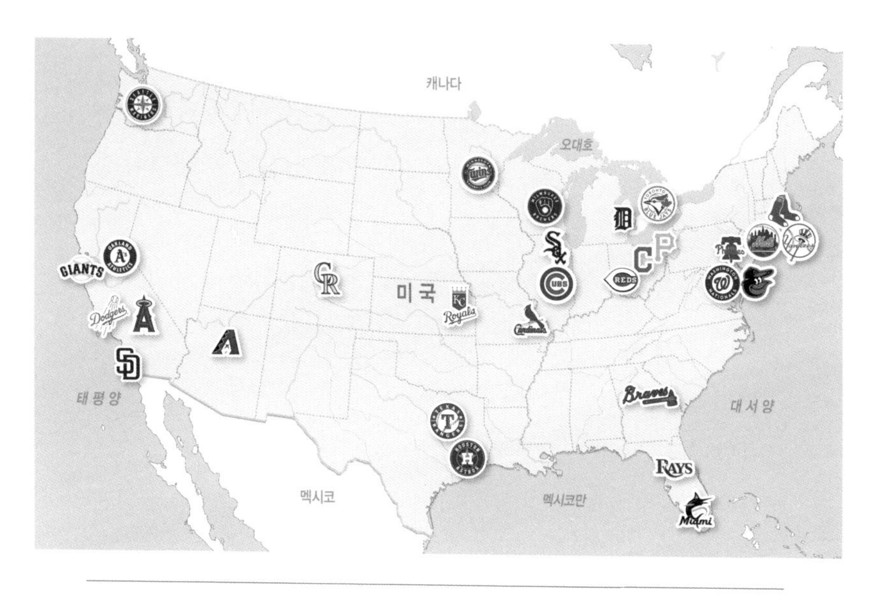

메이저리그 구단의 입지 분포

는 지리적으로 로키산맥과 관련이 깊어요. 로키산맥은 태평양판이 북아메리카판 밑으로 파고드는 과정에서 솟아오른 신기 습곡산지입니다. 이 과정에서 땅이 휘는 습곡, 땅이 갈라지는 단층 등 다양한 움직임의 흔적이 지표면에 남았지요. 흥미로운 점은 지형의 배열로, 로키산맥을 포함해 산맥 대부분이 남북 방향으로 길게 뻗어 있다는 것입니다. 이러한 방향성의 비밀이 바로 물속에 숨어 있습니다.

시애틀에서부터 샌디에이고까지 남북으로 길게 뻗은 크고 작은 산지들은 태평양에서 밀려오는 편서풍을 정면으로 마주합니다. 바다를 통과하면서 습기를 충분히 머금은 편서풍인지라, 산지를 만난 공기는 태평양 연안에 적절한 물을 안기지요. 바람이 머금은 습기가 산맥에 막혀 물을 내주는, 이른바 지형성 강수가 나타난다는 것! 태평양 연안은 이런 지리적 조건 덕에 물을 원활하게 조달할 수 있었고, 도시가 발달할 수 있었어요.

태평양 연안의 서부 지구의 도시 대부분은 지형성 강수 조건을 충족합니다. 만약 로키산맥이 남북 방향이 아닌 동서 방향으로 발달했다면 어땠을까요? 물 공급이 원활하지 못해 도시가 발달하기 어려웠을 테고, 메이저리그 구단을 보유할 수 없었을지도 모릅니다.

이 대목에서 미국 서부의 대표적인 건조 지역인 콜로라도와 애리조나가 어떻게 메이저리그 구단을 보유할 수 있었는지 궁금하다면? 당신은 메이저리그의 진정한 열혈 팬이네요! 이 같은 지리적 궁금증에 대한 답 역시 로키산맥에서 찾을 수 있습니다.

겨울철에 찾아오는 북쪽의 눈구름은 로키산맥을 만나 고지대에 차곡차곡 눈을 내려 줍니다. 오랜 시간 꾸준히 쌓인 고지대의 눈은 겨우내 몸집을 키우다가, 봄이 되면 슬그머니 주머니를 풀어 물을 내주지요. 이 덕에 건조한 콜로라도와 애리조나 일대는 물 부족 문제를 해결할 수 있습니다. 생존에 필수 불가결한 물 문제가 해결된 곳에 사람들이 터전을 일구지요. 앞서 살펴보았듯 사람은 도시를 이루고, 도시는 곧 메이저리그 구단을 품는 보금자리가 됩니다. 건조 지역의 메이저리그 구단은 이처럼 로키산맥이라는 든든한 조력자를 만나 입지할 수 있었던 셈입니다. 비결은 역시 지리입니다!

빅 리그를 보는 또 다른 시선, 도시 인구

미국의 언어학자 조지 킹슬리 지프는 1935년 흥미로운 관찰 법칙을 세상에 발표합니다. 그는 어느 날 셰익스피어의 희곡, 성경 등에서 가장 많이 사용된 단어의 빈도수가 두 번째로 많이 사용된 단어의 약 두 배에 가깝다는 결론을 얻었어요. 그리고 세 번째로 출현 빈도가 높은 단어는 첫 번째 단어의 약 3분의 1, 네 번째 단어는 약 4분의 1이라는 일정한 질서, 다시 말해 순위가 단어의 사용 빈도에 반비례한다는 사실을 깨달았어요. 이러한 분포 경향을 그의 이름을 따 '지프의 법칙'이라고 부릅니다. 흥미롭게도 이러한 패턴은 메이저리그 구단이 속한 도시의 인구 질서에도 들어맞습니다.

미국에서 가장 인구가 많은 도시는 뉴욕이에요. 뉴욕의 인구는 두 번째로 인구가 많은 로스앤젤레스의 약 두 배입니다. 세 번째

미국 인구 상위 5대 도시(2019년)

순위	도시	주(state)	인구(명)	메이저리그 구단 수
1	뉴욕	뉴욕	8,601,186	2
2	로스앤젤레스	캘리포니아	4,057,841	2
3	시카고	일리노이	2,679,044	2
4	휴스턴	텍사스	2,359,480	1
5	피닉스	애리조나	1,711,356	1

(출처: 미국 인구조사국)

로 인구가 많은 시카고 인구를 세 번 더하면 뉴욕 인구와 비슷하고요. 네 번째의 휴스턴, 다섯 번째인 피닉스의 인구 역시 지프의 법칙을 따릅니다. 나아가 지프의 법칙은 기업의 빈도 분포, 한국 족보의 성씨◆에도 들어맞는, 신비로운 질서랍니다.

그렇다면 메이저리그 구단도 도시적 스케일링처럼 일정한 패턴이 나타날까요? 그렇지 않습니다. 메이저리그 구단의 수는 지프의 법칙처럼 도시 인구의 규모에 따른 함수적 규칙성이 나타나진 않거든요. 하지만 인구 규모에는 양의 상관을 보입니다. 조금

◆ **한국 족보의 성씨** 2011년 성균관대학교 김범준 교수 연구팀은 한국의 족보에 나타난 성씨의 빈도가 지프의 법칙을 따른다는 연구 결과를 발표했다. 족보 10편을 한 세대(1600~1630년) 단위로 나눠 시집온 여성의 성씨를 분석한 결과, 김(金) 씨 성을 지닌 여성의 빈도가 가장 높았고, 이후 순차적으로 지프의 법칙을 따른다는 사실을 밝혔다.

미국 캘리포니아주 로스앤젤레스에 위치한 LA다저스 홈구장

더 자세히 설명해 볼게요.

미국 메이저리그 구단을 두 개 이상 보유한 도시는 뉴욕, 로스앤젤레스, 시카고입니다. 뉴욕은 뉴욕 양키스와 뉴욕 메츠, 로스앤젤레스는 LA다저스와 LA에인절스, 시카고는 시카고 컵스와 시카고 화이트 삭스를 각각 보유하고 있어요. 이 도시들은 미국 인구 순위 상위 삼총사입니다.

이후 네 번째로 인구가 많은 휴스턴 이하로는 구단을 두 개 이상 보유한 도시가 없습니다. 메이저리그 구단의 유치에는 도시와

기업 등 다양한 변수가 개입하겠지만, 구단의 수는 상주인구◆의 규모와 관련이 깊습니다. 가볍고 작은 자동차에 배기량이 큰 엔진이 필요하지 않듯, 두 개 이상의 구단을 보유하고자 한다면 일정한 인구수가 뒷받침되어야 한다는 이야기지요.

메이저리그는 얼마나 많은 사람이 찾아 주고 선택하느냐에 따라 성장과 쇠락이 결정되기도 한다는 점에서 기업과 닮았습니다. 해마다 평가하는 구단 가치 역시 대체로 인구 규모에 비례하는 경향이 있고요. 이것이 뉴욕 양키스가 최고의 구단 가치를 지닌 이유이자 관료나 기업가가 인구 데이터를 꼼꼼하게 살피려는 목적이기도 합니다.

한국과 일본에서 프로야구 구단과 인구의 관계는?

한국 주요 도시의 인구 순위는 정도의 차이가 있지만, 대체로 지프의 관찰 결과를 따릅니다. 서울은 부산 인구의 두 배가 넘고, 인천의 약 세 배, 대구의 약 네 배로 지프의 법칙이 적용되지요. 유독 도드라지는 것은 서울입니다. 서울은 인구 1,000만의 거대 도

◆ **상주인구** 한 지역에 주소를 두고 늘 거주하는 인구. 일시적으로 머무르는 인구는 제외하되, 일시적으로 부재하는 인구는 포함한다.

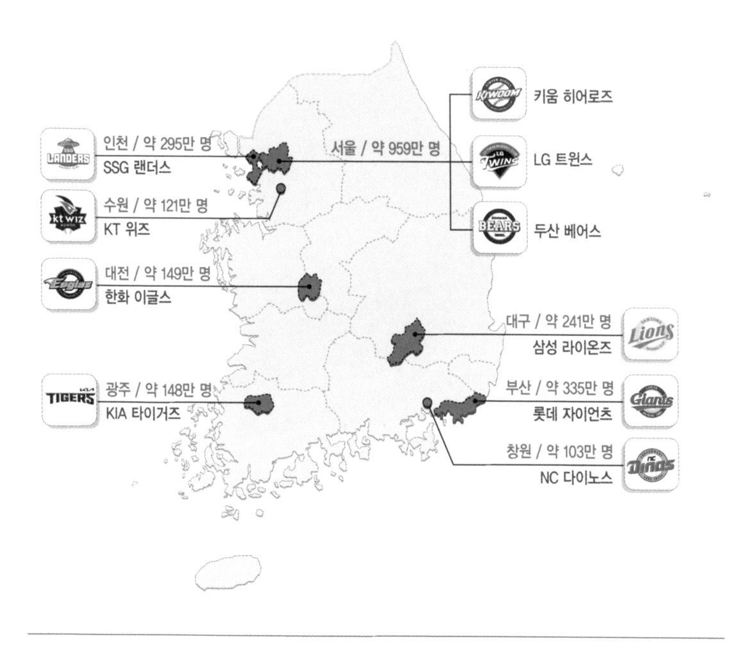

한국 프로야구 10개 구단의 연고지(인구수는 통계청 2020년 인구주택총조사 기준)

시로, 다음 도시인 부산 인구의 두 배가 넘습니다.

이처럼 인구 1순위 도시가 2순위 도시 인구의 두 배가 넘는 현상을 '종주 도시화'라고 불러요. 이 현상은 중국, 인도와 같은 인구 10억 명 이상의 공룡 국가나 몇몇 섬나라를 제외하곤 다수의 국가에서 관찰되는 흥미로운 질서입니다.

그렇다면 한국 주요 도시를 연고로 하는 프로야구 구단의 개수는 어떨까요? 인구 순서대로 개수를 헤아려 보면, 서울이 세 개,

요미우리 자이언츠의 홈구장인 도쿄돔

부산이 한 개, 인천이 한 개입니다. 서울이 무려 세 개의 구단을 보유하고 있는데요, 앞서 살펴본 것처럼 구단의 수는 인구 순위를 거스르지 않아요.

눈썰미가 있는 사람이라면 KT의 수원과 NC의 창원이 의심스러울 거예요. 두 도시는 광역시가 아니지만, 모두 인구가 100만이 넘는 대도시이며 울산의 인구와 엇비슷합니다. 광역시인 울산은 프로야구가 아닌 프로축구 구단을 소유하고 있기도 하지요. 그렇다면 한국 프로야구에서 경제적 가치가 가장 높은 구단은 어디일까요? 예상하다시피 해당 구단은 서울을 연고로 합니다.

내친김에 일본 프로야구에도 같은 원리를 적용해 볼까요? 도쿄의 인구는 요코하마의 약 두 배, 오사카의 약 세 배, 나고야의 약 네 배로 지프의 법칙을 따릅니다. 도쿄 역시 요코하마 인구의 두 배가 넘는 종주 도시화 현상이 나타납니다. 일본 프로야구 구단을 살펴보면 도쿄가 두 개, 요코하마 이하로는 모두 한 개의 구단을 보유하고 있지요. 일본도 한 도시가 보유한 프로야구 구단의 수는 인구 순위를 거스르지 않습니다.

이쯤 되면 일본 프로야구에서 경제적 가치가 가장 높은 구단도 짐작할 수 있겠지요? 바로 도쿄를 연고로 하는 요미우리 자이언츠입니다. 결과가 이렇게나 일정한 패턴을 보인다는 것이 신비롭게 느껴지지 않나요? 하나씩 하나씩 지리적 분포 양상을 살피다 보니, 누군가 귀엣말로 속삭이는 것 같네요. "신이 하는 일에 관심 꺼!"

축구의 요람, 고기 습곡 산지

2002년 한일 월드컵은 한국 현대사에서 꽤 각별합니다. 이것은 1988년 서울 올림픽 이후 한국에서 열린 세계 최대의 스포츠 행사이자 한국 축구 역사상 처음으로 본선 진출에 이어 4강 신화를 일군 기념비적인 대회였습니다. 남녀노소를 불문하고 붉은 악마가 되어 한목소리를 냈던 그 날의 감동은 동시대를 사는 모두에게 잊을 수 없는 카타르시스를 주었지요.

국가 대항전으로서의 축구는 이처럼 온 국민을 하나로 묶을 수 있는 강력한 힘을 지닙니다. 월드컵 축구가 지구촌의 최대 축제라고 해도 지나치지 않을거예요. 축구는 어디서, 어떻게 시작되어 오늘에 이르게 되었을까요? 90분 동안 펼쳐지는 '각본 없는 드라마' 축구는 영국에서 시작되었습니다. 조금 더 구체적으로 말하자면, 영국의 고기 습곡 산지에서 말이에요.

고기 습곡 산지가 키운 산업도시

영국의 전 국토는 고기 습곡 산지에 해당합니다. 고기 습곡 산지는 조산대에서 만들어졌는데, 조산대란 쉽게 말해 산이 만들어지는 곳입니다. 산처럼 큰 지형이 만들어지려면 그에 걸맞은 큰 힘이 필요하겠지요? 조산운동의 힘은 지구 내부에서 나옵니다. 지구 내부 에너지가 제대로 힘을 발휘하면 큰 지각 변동으로 높고 험준한 산지가 만들어져요. 이렇게 만들어진 큰 산지는 오랜 풍화와 침식을 견디며 서서히 몸을 낮추는데, 고기(古期), 즉 오래 전에 만들어져 한껏 몸을 낮춘 산지가 바로 고기 습곡 산지랍니다.

영국의 고기 습곡 산지는 뿌리가 아주 깊습니다. 기원을 보자면 고생대의 판게아로 거슬러 오르는데요, 판게아는 고생대의 여러 판이 한데 모여 만든 초대륙입니다. 여러 개의 판이 모이는 과정에선 충돌에 따른 힘겨루기가 나타나기도 하지요. 이때 높고 험준한 산지가 만들어지는 경우가 많습니다.

그렇다면 이런 설명이 가능하겠네요. "영국이 속한 고기 습곡 산지는 오래전 힘겨루기를 통해 만들어진 거대한 산지가 오랜 시간이 흐르면서 낮은 산지로 남은 것"이라고요. 잘 기억해 두었다가 기회가 있을 때 지식을 뽐내 보세요. 영국 남서부의 웨일스에서부터 북부의 스코틀랜드를 거쳐 스칸디나비아산맥으로 이어

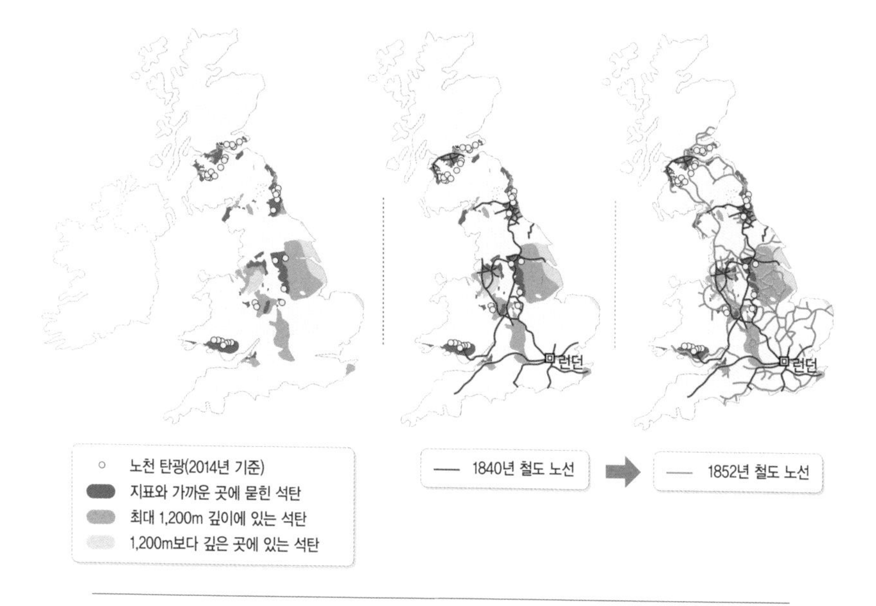

석탄 수요에 따라 건설된 산업 철도는 영국의 노천 탄광을 거미줄처럼 연결해, 주요 도시의 성장에 영향을 주었다.

지는 고기 습곡 산지는 당시의 격렬했던 힘겨루기의 증거랍니다.

고기 습곡 산지에는 석탄이 많이 매장되어 있습니다. 석탄 하면 자연스럽게 산업혁명이 떠오르네요. 영국의 석탄 지대에는 노천 탄광이 많습니다. 노천 탄광의 장점은 편리성이에요. 지표와 가까운 곳에 묻혀 있는 석탄을 캐는 일은 지하 깊은 곳의 석탄을 캐는 것보다 쉽습니다. 물론 아무리 그래도 석탄 채굴은 고된 노동이지만, 저 깊은 땅속까지 내려가는 것보다 상대적으로 작업이 쉽다는 것이지요. 덕분에 당시의 기술력으로도 많은 석탄을 캘 수 있었어요.

석탄을 채굴하는 과정에서 고안된 증기기관은 산업혁명의 도화선이 되어 인류 역사의 물줄기를 바꾸어 놓았습니다. 영국이 산업혁명을 선도할 수 있었던 데는 이와 같은 지리적 조건이 뒷받침되었던 것이지요. 페르시아만 일대가 세계 원유 생산을 주도할 수 있었던 것도 유전이 지표와 가까워서 가능했던 일인 것처럼요.

영국의 주요 석탄 산지가 해안이 아닌 내륙에 있는 것도 특징적입니다. 당시 영국의 주요 도시는 해안이나 배가 드나들 수 있는 하천 변에 있는 경우가 많았어요. 영국은 내륙의 석탄을 해안으로 옮기는 방법을 고민하다가 세계 최초로 상용화된 철도를 놓았습니다. 석탄을 운반하기 위해 석탄의 힘을 활용한 이색적인 발상이었지요. 리버풀과 맨체스터 사이를 검은 연기와 굉음을 쏟아 내며 오가는 철마는 산업혁명의 역동성을 상징했어요. 이처럼 잘 짜인 지리적 밑그림 속에서 고기 습곡 산지 사이마다 산업도시가 꼴을 갖추어 갔습니다.

산업도시가 키운 현대 축구

축구의 기원에 관해서는 의견이 다양하지만, 현대 축구의 기원지

영국 축구팀 맨체스터 유나이티드의 홈구장. 올드 트래퍼드라고 불린다.

가 영국이라는 데에는 이견이 없습니다. 영국에서는 아주 오래전부터 공을 가지고 놀았어요. 농촌이든 학교든 공놀이를 할 수 있는 공간에서는 젊은이들이 다양한 방법으로 게임을 즐겼지요. 지역에 따라 손을 사용하거나 들고 뛰기도 하면서 어느새 축구는 생활 스포츠로 자리매김했습니다.

하지만 지역마다 게임 규칙이 달라 여러 지역의 축구 실력을 공정하게 겨루는 데 한계가 있었습니다. 이를 개선하기 위해 케임브리지 대학교를 중심으로 규칙을 다듬기 시작했고, 1863년에 이르러선 영국축구협회가 설립되어 규격화된 시스템을 마련하게 됩니다. 공을 들고 뛰는 규칙을 선호하는 지역의 경기 방식은 지금의 럭비로 진화했고, 다수의 지역에서 선호한 발만 사용하는 방식이 채택되었습니다. 시나브로 많은 사람이 축구협회에서 마련한 규칙에 따라 지역별, 팀별 대항전을 치르며 축구를 즐겼지요.

기업가는 큰 인기를 누리는 축구를 또 다른 사업 기회로 삼아, 기술과 체력이 뛰어난 사람에게 축구 직업인으로서의 길을 열어 주었습니다. 이른바 프로축구 선수가 탄생한 것이지요. 때마침 자본의 축적에 따른 노동 환경의 개선으로 노동자들은 토요일 오후부터 여가를 즐길 수 있게 되었습니다. 산업도시의 전사들은 삼삼오오 지갑을 챙겨 경기장으로 향했지요. 그들은 현란한 드리블과 가공할 슈팅 능력을 선보이는 스타를 보며 대리 만족을 느꼈을 거예요. 마치 축구 경기를 볼 때만큼은 공부나 숙제 스트레스로부터 해방감을 느끼는 여러분처럼요. 맨체스터, 리버풀, 셰필드 등 산업혁명을 주도하던 대도시에 축적된 자본은 프로축구를 위한 강력한 뒷배였습니다. 영국의 '규격화된' 축구는 어느덧 영국이라는 울타리에서 벗어나 세계를 향해 나아가게 됩니다.

대영제국이 앞장선 축구 세계화

선진 축구 시스템과 기술을 가진 영국의 축구는 지리적으로 가까운 유럽 대륙에 먼저 손을 뻗었습니다. 당시 영국은 '해가 지지 않는 나라'라는 수식어가 붙을 만큼, 전 세계에 국력을 과시했지요. 영국의 선교사, 상인, 군인 등은 해외로 축구를 전파하는 일등 전도사였지요. 우리나라 역시 인천항에 들른 영국 해군으로부터 현대 축구를 받아들이게 되었습니다. 축구 종주국 영국은 당시 최강의 글로벌 네트워크를 구축하고 있던 터라, 어찌 보면 축구 세계화는 예견된 일이었는지 모르겠네요.

축구가 빠른 속도로 보급되자 세계 여러 나라의 축구 시스템을 아우를 필요성이 제기되었습니다. '필요가 발명을 낳는다'라는 말이 있지요? 이미 자신들만의 축구 시스템을 구축하고 있던 영국은 그 필요에 소극적이었지만, 프랑스는 달랐습니다. 프랑스는 조정자의 능력을 발휘해 국제축구연맹(FIFA)을 발족하게 됩니다. 결과적으로 국제축구연맹의 탄생은 신의 한 수였어요.

축구는 남자 축구가 1900년 파리 올림픽에서 시범 종목으로 채택되면서 국제 스포츠로 자리 잡기 시작했어요. 1930년에는 우루과이에서 첫 월드컵이 열렸습니다. 세계인이 손꼽아 기다리는 지구촌 축제인 월드컵, 이 사실 하나만으로도 축구의 위상이 어느 정도인지 느낄 수 있지요. 오늘날 축구는 그야말로 '축구 천하'라는 수식어가 손색없을 정도로 세계적으로 큰 인기를 누리고 있습니다.

이러한 흐름에서 유럽에는 전문화된 축구 리그가 자리를 잡아 갔습니다. 유럽 4대 리그, 즉 축구 종가 영국의 프리미어리그, 스페인의 라 리가, 이탈리아의 세리에 A, 독일의 분데스리가는 축구 상업화에 성공한 대표적인 리그예요. 야구나 농구 좀 한다는 사람들이 미국으로 가듯, 축구 좀 한다는 사람들은 유럽 4대 리그로 향합니다. 흥미로운 것은 이 축구 리그가 지리적으로 하나의 키워드에 수렴한다는 점이에요. 어떤 키워드일까요? 답을 알기 위해서는 앞서 언급했던 조산대로 다시 돌아가야 합니다.

유럽 4대 리그와 조산대

유럽 4대 리그가 펼쳐지는 공간은 모두 고기 및 신기조산대에 속합니다. 영국은 칼레도니아 조산대에, 스페인과 독일은 바리스칸 조산대에, 이탈리아는 신기조산대에 해당하는 지역이지요. 시기적으로 살펴보면 고기조산대에 속하는 칼레도니아와 바리스칸 조산대가 만들어진 이후 신기조산대 형성으로 흐름이 이어집니다. 조산운동이 일어난 시기에 따라 구분한 것이라서 오늘날의 지형 기복은 역순으로 험준하지요.

칼레도니아와 바리스칸 조산대는 모두 고생대에 일어난 조산운동으로 석탄 매장량이 풍부합니다. 석탄은 산업혁명의 핵심 자

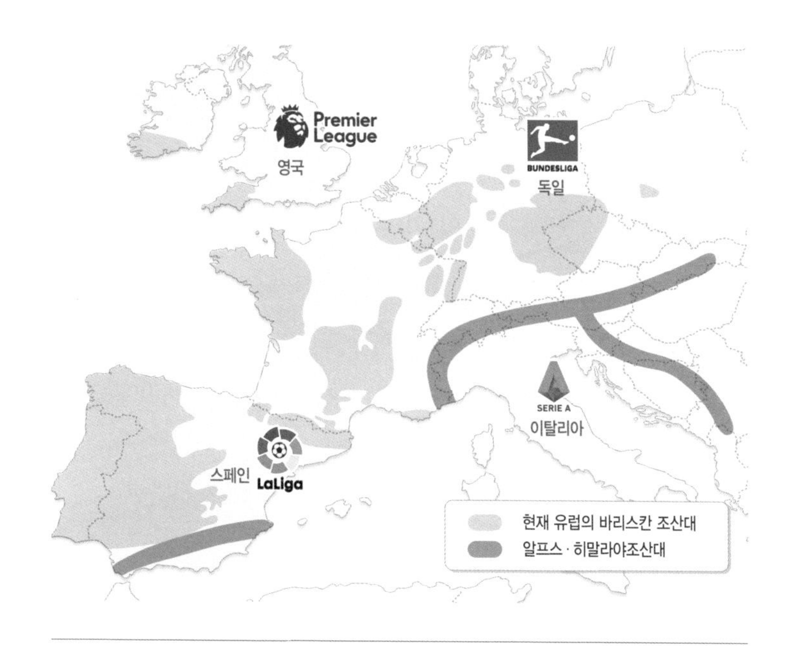

바리스칸 조산대와 유럽 4대 리그

원으로, 이 조산대들에 속한 국가 모두 영국에 이어 산업화 과정을 겪었어요. 하지만 이탈리아는 달랐습니다. 신기조산대에 속한 이탈리아는 석탄이 나지 않아 산업혁명의 궤도에 올라타기 힘들었습니다. 유럽 최고의 리그가 열리는 이 4개국은 지리적 문법으로 보자면 뉘앙스가 사뭇 다른 셈이지요.

2002년 한일 월드컵에서 4강 신화를 만든 우리의 상대팀은 묘하게 유럽 4대 리그와 통합니다. 우리나라는 16강에서 세리에 A

가 있는 이탈리아, 8강에서 라 리가가 있는 스페인, 그리고 4강에서는 분데스리가가 있는 독일과 치열한 승부를 펼쳤습니다. 이른바 세계 최고의 리그를 보유한 국가들을 상대로 승부를 겨뤘지요. 이를 계기로 한국 선수의 기량에 대한 재평가가 이루어져 제법 많은 태극전사가 유럽 4대 리그에 진출하는 기회를 잡을 수 있었습니다. 독일 분데스리가를 호령한 차범근과 영국 프리미어 리그의 박지성, 손흥민의 공통점은 유럽의 고기 습곡 산지를 무대로 일군 드라마의 주인공이라고 할 수 있겠지요?

축구를 이해하는 또 다른 키워드, 기후

마지막으로 역대 월드컵 개최지의 지리적 공통점에 대해서도 알아봅시다. 월드컵 개최지 목록을 뽑아 기후 지도와 하나씩 대조해 보면 온대 기후에 속하는 나라가 압도적으로 많다는 것을 알 수 있어요. 특수한 예외 사례가 있다면 2014년 브라질 월드컵의 마나우스 경기장인데요, 브라질의 북서부에 위치한 마나우스는 열대우림기후로 적도와 가까워 연중 덥고 습합니다. 그래서 경기 중에 선수들이 휴식을 취할 수 있도록 월드컵 최초로 '쿨링 브레이크 시스템'을 도입했어요. 지리적 불리함을 시스템으로 보완한 흥미로운 사례이지요.

유라시아 대륙 서쪽 해안의 영국 프리미어리그와 대륙 동쪽 해안의 K리그의 시즌 기간도 '기후'로 풀 수 있습니다. 프리미어리그는 보통 가을에 시작해 이듬해 봄에, K리그는 봄에 시작해 가을에 시즌을 마무리합니다. 모두 북반구 중위도에 위치해 계절이 같지만, 기후 특징으로 인해 경기 시즌은 정반대지요. 여기엔 탁월풍이 관여합니다.

유라시아 대륙 서안은 연중 바다에서 불어오는 습윤한 편서풍의 영향을 받습니다. 그래서 겨울철에도 날씨가 온화해 경기를 치를 수 있지요. 반면, 대륙 동안은 겨울철에 대륙에서 발달한 차가운 기단의 영향을 받아 땅이 얼 정도로 춥습니다. 언감생심 극한의 추위에서 축구 경기를 한다는 것은 선수나 관중 모두에게 곤욕스러운 일이지요. 이렇게 보니 우리나라에 유독 인조 잔디 구장이 많은 이유를 알겠지요? 역시 열쇠는 지리입니다.

사이클링

CYCLING

페달을 밟으며 이해하는 공간 문법

소설가 김훈은 자전거 마니아입니다. 그는 자전거를 벗 삼아 전국 각지를 누비며 글을 써, 《자전거여행》이라는 산문집으로 묶어 냈어요. 그는 여수 돌산도의 향일암, 양양의 선림원지, 소백산의 의풍마을 등 유명 관광지가 아닌 낯선 곳들까지 자전거로 구석구석 누볐지요. 그의 글은 집 밖에 세워 둔 자전거를 꺼내 당장이라도 페달을 밟고 싶은 마음이 들게 합니다.

김훈의 글이 울림을 주는 까닭은 탁월한 문장력도 있겠지만, 자전거를 이용한 여행기라는 데 있습니다. 오직 두 다리의 힘으로만 나아가야 하는 자전거 여행은 고된 만큼 땅의 굴곡을 온전히 담아낼 수 있지요. 몸에 기억된 여정을 유려한 문장으로 펼쳐 낸 글이라면, 독자가 몰입할 수밖에 없지 않을까요? 자전거 여행을 통해 내적 성장을 얻었다는 경험담은, 이처럼 공간을 온전히 담아내는 힘에서 오는 듯합니다.

우리나라의 자전거 인구◆는 현재 국민 넷 중 한 명이 즐기는 수준에 도달했습니다. 이름하여 자전거 전성시대! 그렇다면 자전거를 타는 사람들이 특별히 좋아하는 라이딩 장소는 어디일까요? 자연이 만들어 준 멋진 라이딩 장소에 가면 그 답을 찾을 수 있습니다.

◆ **자전거 인구** 한국교통연구원에 따르면 월 1회 이상 자전거를 이용하는 인구는 약 1,340만 명(2017년 기준)에 이른다.

상처 난 자리를 내달리다, 두물머리

두물머리는 두 물이 만나는 곳입니다. 두 물이 만나는 곳은 전국에 무수히 많겠지만, 두물머리는 고유명사처럼 남한강과 북한강이 만나는 경기도 양평을 가리킵니다. 큰 강이 만나는 곳이어선지 두물머리는 제법 크고 아름답지요. 특히 팔당댐이 만들어진 이후로는 상수원 보호 구역으로서 개발이 억제되어 여전히 옛 정취가 남아 있습니다. 두물머리 곁에서 나고 자란 다산 정약용은 나랏일을 보다가도 고향을 찾아 심신을 위로할 정도로 이곳을 사랑했다고 하네요.

예나 지금이나 두물머리가 좋은 까닭에, 오늘날에는 자전거 라이더를 비롯한 많은 이가 즐겨 찾는 명소가 되었습니다. 두물머리는 어떻게 많은 이의 가슴을 설레게 하는 아름다운 풍경이 되었을까요?

한반도는 오랜 시간 땅의 힘을 받아 다양한 방향의 상흔을 가지고 있습니다. 이 상흔은 크게 보아 태평양판과 유라시아판의 움직임, 작게 보아 동해가 열리는 움직임 등 다양한 방향의 힘을 통해 만들어져 왔지요. 이러한 힘의 방향성으로 두물머리 일대에도 날카로운 흔적이 남아 있어요. 생각해 보면 물길이란 땅이 갈라진 틈 사이에 만들어집니다. 그래서 때론 좁고 날카로운 물길

두물머리 일대의 자전거 길

이, 때론 넓고 부드러운 물길이 생기지요. 두물머리는 이 중 전자에 해당합니다.

위성 사진으로 보면 두물머리는 좁고 날카로운 북한강과 남한강이 만나는 자리입니다. 북한강이 청평부터 경기도 광주까지 마치 자를 대고 그은 것처럼 곧은 모양이라면, 남한강은 짧게 여러 번 선을 그은 지그재그 형태를 띠고 있어요. 여기서 중요한 것은 물길이 구간별로 방향성을 가지고 있다는 점입니다. 특히 북한강은 북북동-남남서 방향으로 뚜렷한 방향성을, 남한강은 북서-남동이나 동-서 방향의 짧은 방향성을 보입니다.

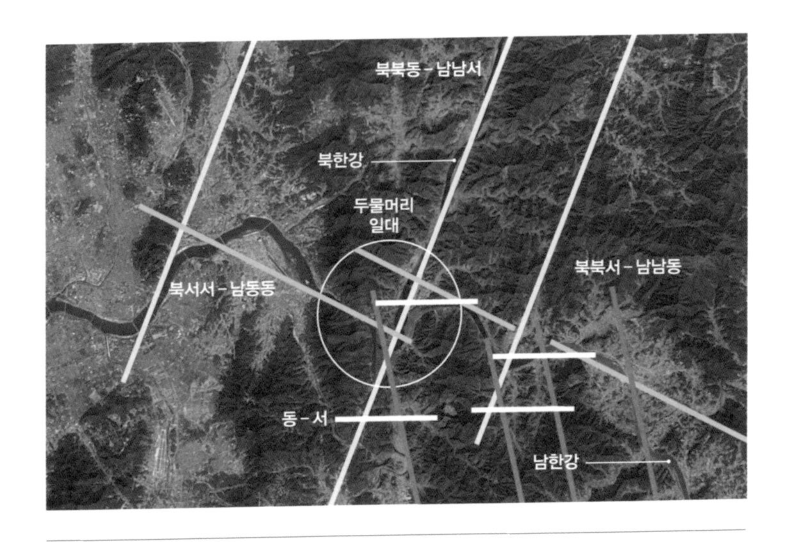

두물머리 일대의 선구조 패턴

이들은 여러 번에 걸친 땅의 움직임을 통해 지표에 복합적으로 남은 결과물로서, 두물머리의 전체적인 지형 경관을 만들었습니다. 여러 방향이 조합되지 않는 곳이라면 큰 물줄기가 만나거나 뒤틀릴 수 없는 구조적인 한계가 있었겠지요. 두물머리는 바로 그 한계를 뛰어넘어 씨줄과 날줄처럼 엮인 복잡한 질서 위에 얹힌 자리입니다.

두물머리를 찾은 자전거 라이더들은 날카롭게 재단된 물 옆을 달립니다. 너른 자리가 아니라서 자전거 길은 좁지만 곧게 뻗은 푸른 물길과 산세 덕에 스트레스가 말끔하게 씻길 만합니다. 옛

철교와 간이역은 자전거 길과 휴게소로 탈바꿈하여 라이딩의 맛을 더하지요. 곳에 따라 관광객을 기다리는 레일바이크는 철로를 보존한 것일 뿐, 아름다움을 자아내는 경관의 포인트는 자전거 길과 서로 통한답니다.

솟아올라 단조로운 자리를 내달리다, 동해안

넓고 푸른 바다를 따라 이어지는 자전거 길은 강변과는 사뭇 다른 분위기를 연출합니다. 수평선과 넓은 모래밭을 곁에 두고 달리면 이따금 갈매기가 날아와 운치를 더하지요. 우리나라는 삼면이 바다로 어느 곳에서나 해변 라이딩을 즐길 수 있습니다. 하지만 전국에서 손꼽히는 해변 라이딩은 동해로 한정됩니다. 동해안이 자전거에 최적화될 수 있었던 까닭은 해안선이 단조롭기 때문이죠. 좀 더 자세히 알아볼까요?

한반도의 해안선이 오늘날과 같은 모습이 된 것은 땅이 솟아오르는 경동성 요곡운동 및 후빙기 해수면 상승과 밀접한 관련이 있어요. 경동성 요곡운동은 쉽게 말해 지각운동으로 땅이 솟아오르는 과정이고, 후빙기 해수면 상승은 빙하가 녹으면서 바닷물이 육지로 밀고 들어오는 현상을 뜻합니다.

경동성 요곡운동은 서·남해와 동해를 가리지 않고 모든 지역

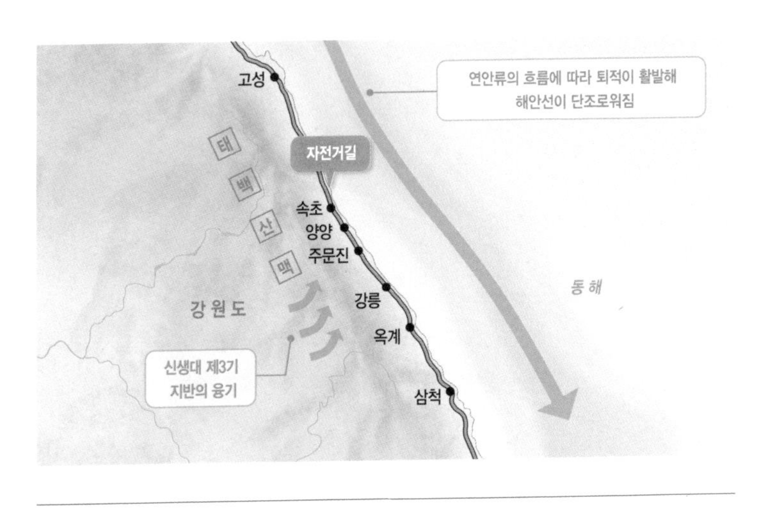

동해안의 단조로운 해안선과 자전거 길

에서 일어났지만, 동해와 가까운 쪽에서 솟는 정도가 심했어요. 지금의 동해 가운데에서 땅이 열리며 양방향으로 힘을 주었기 때문입니다. 이렇게 전달된 힘은 오늘날 함경산맥과 태백산맥이 되어 북한과 남한의 등줄기 산맥을 이루지요. 그래서 한반도의 지형은 전체적으로 동북쪽이 서남쪽보다 높고 험준합니다.

해수면 상승은 후빙기 이후 전 지구적으로 일어난 현상입니다. 막대한 양의 빙하가 녹은 물은 해수면을 무려 100m 가까이 올려놓았어요. 이 과정에서 산줄기의 방향이 물이 차오르는 방향과 수직으로 교차했던 서·남해는 해안선이 복잡한 리아스 해안이 되었습니다. 하지만 동해는 달랐습니다. 동해는 산줄기의 방향이 해안선과 평행했고, 무엇보다 해수면 상승 이후 사주◆와 같은 퇴적 지형이 발달해 오늘날처럼 단조로운 해안선이 되었지요. 동해안에서의 라이딩은 앞선 두 가지의 변화가 그려 낸 밑그림 위에서 이루어집니다.

동해안에서도 삼척에서 고성에 이르는 구간에는 수 킬로미터에 이르는 직선 해안이 곳곳에서 펼쳐집니다. 해안과 평행으로 달리며 크게 오르내리거나 굽이칠 필요가 없는 코스는 해변 라이딩의 정수라 할 만하지요. 곧게 뻗은 편안한 해변 라이딩에선 그 옛날 송강 정철이 〈관동별곡〉에 남긴 여러 비경을 만날 수 있습니다. 해송에 둘러싸인 낙산사와 바닷가 절벽에 세워진 의상대, 바다 곁 호수인 경포호와 삼척의 죽서루 등은 고된 페달 운동을 감당하면서도 지나고 싶은 곳이지요.

이처럼 동해안 자전거 길은 서·남해안보다 쾌적하고 아름다운 해변 길을 제공합니다. 제대로 된 해변 라이딩을 즐길 요량이라면, 앞뒤 잴 것 없이 동해안부터 가 보세요!

◆ **사주** 해안에 발달하는 모래 퇴적 지형이다. 주로 파도와 연안류의 흐름에 따라 운반된 모래가 둑 모양으로 쌓여 만들어진다. 넓은 사주는 곳에 따라 해수욕장으로 이용되기도 한다.

솟아오르고 상처 난 자리를 달리다, 이화령

앞서 살펴본 두물머리는 땅의 움직임으로 상처 난 자리였고, 동해안은 본원적으로 땅이 솟아오르며 만든 자리였습니다. 고갯길로 유명한 이화령은 이 두 가지 과정이 복합된 흥미로운 라이딩 장소입니다.

이화령은 백두대간의 한 줄기인 소백산맥에 속해 있어요. 이화령을 남쪽으로 넘으면 경상도요, 반대로 넘으면 충청도지요. 이화령을 비롯해 소백산맥의 문경새재, 죽령 등은 예부터 중부 지방과 영남 지방을 잇는 중요한 교통로였습니다. 여느 고개가 그렇듯 이화령 역시 주변 산지보다 상대적으로 낮은 자리에 해당합니다. 그래서 옛날엔 보부상들이 짐을 지고 쉼 없이 고갯마루를 넘나들었지요.

소백산맥은 크게 두 방향의 힘을 직간접적으로 받아 지금의 형태로 남았습니다. 하나는 태백에서 속리산 구간의 북동-남서 방향의 힘이고, 다른 하나는 속리산에서 지리산에 이르는 북북동-남남서 방향의 힘이에요. 전자는 크게 보아 태평양판의 영향으로 방향성을 갖게 된 남해안의 방향과 같고, 후자는 크게 보아 동해 지각이 확장되는 과정에서 솟아오른 태백산맥의 방향과 같아요. 그래서 활처럼 휜 소백산맥의 모양은 이 지역이 두 방향의 커다

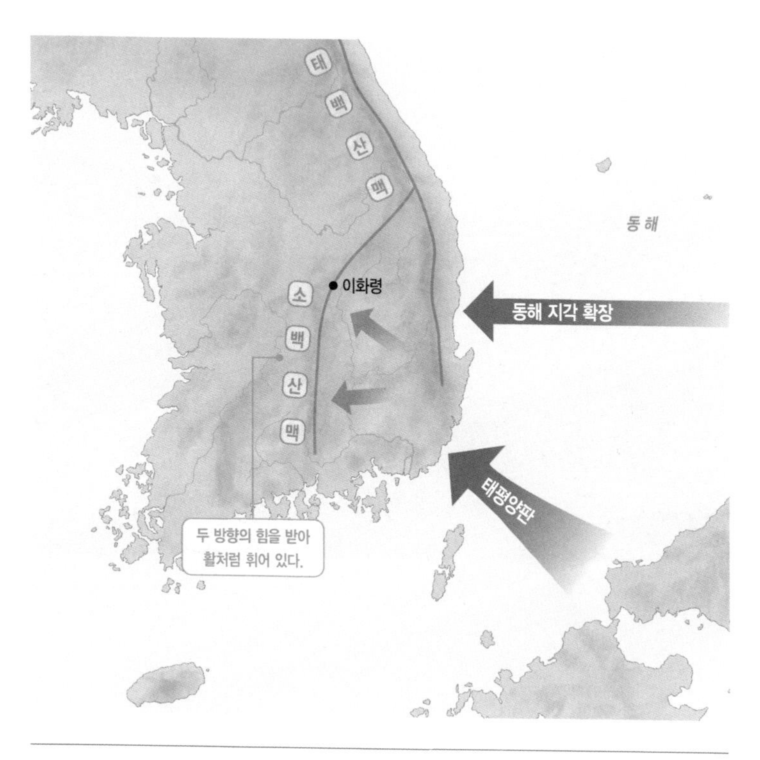

소백산맥의 모양과 주변 지각의 힘

란 힘을 여러 시기에 걸쳐 나누어 받았다는 증거입니다.

이화령은 앞선 큰 힘으로 소백산맥이 만들어진 후 추가로 전달된 작은 힘들로 해체되는 과정에서 남은 고개입니다. 문경새재와 죽령, 추풍령 모두 비슷한 힘의 논리를 반영한 고개로, 큰 맥락에서 이화령의 탄생과 유사한 과정을 거쳐 만들어졌어요. 정리하

이화령 고갯마루에서 내려다본 풍경

자면 큰 힘으로 만들어진 소백산맥이 추가로 이어진 작은 힘들로 해체되는 과정에서 만들어진 날카로운 상처 중 하나가 바로 이화령입니다.

이화령을 넘고자 하는 라이더는 하천이나 해변을 달릴 때와는 마음가짐이 달라야 합니다. 이화령은 굽이굽이 산길을 무려 수 킬로미터나 오르내리는 강행군으로, 마음 단단히 먹고 숨을 골라야만 하는 어려운 코스거든요. 조선시대 사람들의 발길을 잇던 이화령은 산업화 이후 찻길로 명맥을 유지했으나, 중부내륙고속도로 개통 이후 과거의 활발한 모습을 많이 잃었습니다. 하지만 레저 산업 열풍과 자전거 인구의 급증으로 이제 페달을 밟으며 달리는 라이더가 활발히 오가는 길이 되었습니다.

극한의 페달 운동 끝에 이화령 고갯마루에 오른 라이더는 백두대간의 선상에 자신을 놓고 호연지기를 뽐낼 수도 있겠네요. 여러분이 그런 경험을 하게 된다면, 고개에서 굽어보는 좁고 날카로운 선상의 골짜기가 아주 오래전 한반도에 미친 힘들이 조합된 상흔임을 기억하면 좋겠습니다.

화려하지 않아도 나는야 자전거 라이더

마지막으로 동네에서 즐기는 자전거에 관해 이야기해 볼까요? 자전거는 본격적인 '마이카 시대'가 열리기 전까지 독보적인 단거리 교통수단이었습니다. 자전거는 두 바퀴와 그것을 연결한 프레임만 있으면 언제 어디서든 훌륭한 이동 수단이 되어 주었으니까요. 첨단의 시대라지만 무동력에 의지한 이동 수단은 여전히 강한 향수와 낭만을 자극하나 봅니다.

우리 삶에 성큼 다가온 기후 위기 앞에서, 석탄과 화석 연료의 사용을 종식해야 한다는 주장도 일고 있지요. 이러한 최근의 환경 트렌드는 자전거 시대를 재촉합니다. 돈 들여 운동하는 시대

서울특별시의 공유 자전거, 따릉이

에 교통체증 걱정 없는 기동성과 심폐지구력을 높이는 기능성은 자전거의 남다른 강점이니까요.

그야말로 일거양득의 장점을 지닌 자전거는 스마트한 공공 자전거 시스템으로 새롭게 거듭나고 있습니다. 스마트 기기를 이용해 자전거를 자유롭게 빌리고 반납할 수 있는 시스템이 도입됨으로써 실제로 짧은 거리를 이동하는 수단으로 자전거를 선택하는 사람들의 비중이 날로 커지는 추세입니다. 남녀노소 누구나 손쉽게 이용할 수 있는 스마트 공공 자전거 시스템은 대도시라면 선택이 아닌 필수 조건이라는 인식이 늘어났지요. 서울의 '따릉이', 창원의 '누비자', 광주의 '타랑께' 등 공공 자전거의 이름도 정겹습니다. 꽉 막힌 도심을 누비는 공공 자전거는 저탄소 시대로 이동해야 하는 현대 도시의 새로운 얼굴입니다.

씨름

KOREAN TRADITIONAL WRESTLING

영화배우 마동석은 힘의 아이콘으로 통합니다. 탄탄한 근육질의 몸에 비현실적인 팔의 둘레는 위압감을 느끼게 하지요. 몸이 우람하고 힘이 센 마동석과 같은 이를 대개 '장사(壯士)'라고 부릅니다. 천하장사는 세상에 비길 데 없이 힘센 장사를 일컫는 말이고요. 식료품 광고에 심심치 않게 천하장사라는 타이틀이 붙는 것은 제품이 건강한 이미지와 연결되기를 바라기 때문이겠지요.

그런가 하면 국가가 공인한 천하장사 타이틀을 쥔 사람도 있습니다. 바로 씨름 선수입니다. TV 예능 프로그램에 자주 얼굴을 비추는 이만기, 강호동은 대중에게 친숙한 씨름 천하장사 출신입니다. 씨름의 인기가 예전 같지 않다지만, 우리나라에서 씨름은 유서 깊은 유희이자 스포츠이지요. 한국의 전통 씨름은 2018년 유네스코 인류무형문화유산에 등재되기도 했답니다.

흥미롭게도 씨름판을 지리학의 프리즘으로 살펴보면 우리 선조들의 주요 생활 무대가 파노라마처럼 펼쳐집니다. 시간을 거슬러 조선의 씨름판으로 가볼까요? 그곳에 가면 아스라이 남아 있는 씨름판의 추억과 마주할 수 있습니다.

한국 씨름의 약력

씨름에 관한 최초의 기록은 삼국시대로 거슬러 올라가요. 여러 사료와 고분 벽화에서 씨름이 심심치 않게 등장하는 것으로 보아, 이미 오래전부터 힘겨루기가 일상화되었음을 미루어 짐작할 수 있지요.

조선시대의 사료는 비교적 풍부하게 남아 있어서 씨름에 관한 구체적인 내용을 확인할 수 있습니다. 잠시 디지털《조선왕조실록》에서 씨름을 검색해 볼까요? 가장 먼저 눈에 들어오는 것은 〈세종실록〉 제4권에 기록된 임금의 씨름(角力) 관전기입니다. 당시 상왕인 태조 이방원은 임금인 아들 세종과 함께 저자도(楮子島)에 행차해, 주연을 베풀고 강변에서 씨름을 관람했다고 하네요.

〈세종실록〉의 다른 기록에선 명나라 사신이 목멱산(지금의 남산)에 올라가서 역사(力士)◆에게 씨름을 시켰다는 대목, 세종이 매사냥을 구경한 뒤 군사 중에 힘 있는 사람에게 씨름을 붙여 이긴 사람에게 상을 주었다는 내용이 인상적입니다. 이를 통해 조선시대엔 전문 씨름꾼이 있었다는 것과, 씨름이 보편화되어 있었다는

◆ **역사** 뛰어나게 힘이 센 사람

단원 김홍도의 〈씨름도〉(국립중앙박물관 소장)

사실을 알 수 있지요. 조선시대의 씨름은 말 그대로 '핫한' 대중 스포츠였습니다. 잠깐, 여기서 우리가 관심을 가져야 할 포인트는 바로 씨름판이 벌어졌던 공간입니다.

씨름의 무대, 모래판

《조선왕조실록》의 씨름 기록에서 주목할 만한 씨름 장소를 추리면 결국 모래와 닿습니다. 오늘날 프로 씨름장은 모래판인데요. 모래는 넘어져도 다칠 염려가 없을 정도로 충격을 잘 흡수합니다. 모래판은 일종의 보호 차원에서 중요한 요소인데, 다행히 우리나라는 모래 걱정이 없는 자연환경을 지니고 있습니다. 이런 환경이 어떻게 갖추어질 수 있었는지, 임금이 연회를 베풀었던 저자도로 가 봅시다.

저자도는 지금의 서울시 옥수동에 있던 섬이에요. 저자도의 위치를 지도에서 확인하고자 한다면 서울숲 일대를 살펴보면 됩니다. 이곳은 한강과 중랑천이 만나는 자리입니다. 한강의 지류인 중랑천은 한강과 한 몸을 이루는 과정에서 그동안 가져오던 물질을 내려놓습니다. 중랑천이 운반하는 물질은 모래가 주를 이루지요.

여기서 잠깐! '콩 심은 데 콩 나고 팥 심은 데 팥 난다'는 속담이 나올 차례입니다. 중랑천 상류 지역의 기반암과 중랑천으로 흘러드는 청계천 유역은 모두 화강암을 기반으로 하는 지역입니다. 화강암은 모래로 풍화되어 하천 주변의 모래사장을 만드는 암석이지요. 그래서 중랑천이 한강과 만나는 곳에는 모래섬인 저자도가

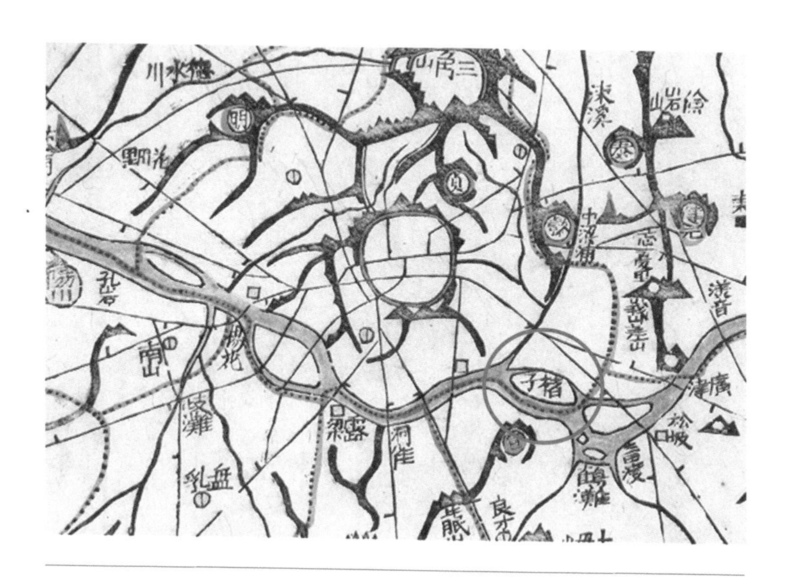

〈대동여지도〉의 저자도(붉은 원 표시) 모습

넓게 만들어질 수 있었지요. 1970년대 본격적인 강남 개발로 저자도의 모래는 오늘날 아파트 일부가 되고 말았지만, 〈대동여지도〉는 당시 저자도가 얼마나 넓은 모래섬이었는지를 보여 주는 증거입니다. 천지가 모래였던 저자도 정도라면 임금이 연회를 베풀고, 건장한 씨름꾼들이 자웅을 겨루기에도 충분했겠지요?

〈세종실록〉에 기록된 그 밖의 씨름판도 사정은 비슷합니다. 목멱산과 제실 앞마당, 북산의 신무문 뒤뜰, 고려의 궁궐터였던 만월대 앞은 모두 기반암이 화강암인 지역이에요. 그런데 어째서 어떤 곳은 북한산, 인왕산, 도봉산처럼 거대한 화강암 바위로 남고, 또 어떤 곳은 모래가 많은 낮은 자리가 되었을까요? 혹시 이런 궁금증이 생겼다면 지리적으로 훌륭한 호기심입니다. 답은 화강암의 성질에 숨어 있습니다. 화강암은 다져진 정도에 따라 모습을 달리하니까요.

서울 사대문 안의 기반암은 모두 화강암이지만 지구조 운동의 영향에 따라 땅이 갈라진 정도가 다릅니다. 쉽게 말해 땅이 많이 갈라져 잘게 다져진 곳은 낮은 분지가 되었고, 덜 다져져 밀도가 높은 곳은 거대한 암석으로 남았습니다.

같은 화강암 지역이라도 땅의 겉모습은 다를 수 있다는 사실, 이제 알겠지요? 사대문 안팎에서 어렵지 않게 씨름판이 벌어질 수 있었던 것은 이 같은 지리적 조건에 따른 것이랍니다.

천연의 씨름판은 너른 강변

오늘날 건축물이나 해수욕장을 짓기 위해 모래를 구하는 것은 어렵지 않은 일입니다. 해수욕장 개장을 앞두고 빈약한 모래를 보충할 수 있고, 막대한 양의 골재를 조달해 대규모 아파트 단지를 만들 수도 있지요. 하지만 예전에는 군중이 모여 제대로 된 씨름판을 구경하려면 너른 모래판을 찾아다녀야 했지요.

화강암 분포와 여러 모래벌판 지역

일단 넓은 모래밭이 만들어지기에 가장 좋은 곳은 강변이에요. 홍수가 잦은 우리나라의 기후 특성상 강변은 변화무쌍합니다. 물에 실려 온 모래는 강변에 쌓여 너른 모래사장이 됩니다. 너른 강변에 고운 모래가 잘 다져진 곳은, 많은 사람이 모이기 수월하겠지요? 나아가 너른 모래사장과 멀지 않은 곳에 배가 드나들 수 있는 하항◆ 조건까지 갖춘 곳이라면, 지리적 이점이 더 크겠네요. 이는 조선시대 대표적인 시장 몇 곳을 둘러보면 여실히 증명됩니다.

충청남도 강경은 금강의 주요 하항으로 한때 내륙 물산의 집산지◆◆였습니다. 자연스럽게 대규모의 시장이 섰지요. 충청남도 예산은 삽교천의 하항, 경기도 안성은 안성천 변의 모래사장을 중심으로 큰 시장이 들어섰던 곳이고요. 이 지역들은 모두 사통팔달◆◆◆의 교통 요지로 주변 지역의 물산이 집산하던 곳이라는 공통점이 있습니다. 나아가 모두 화강암 지역에 속합니다. 범위를 넓혀도 사정은 다르지 않아요. 영남의 김천장은 감천 변, 호남의 전주장은 전주천 변에 들어선 거대 시장이었어요. 이들 지역의 기반암 또한 화강암입니다.

너른 강변의 모래사장은 씨름판 외에도 우시장, 과거 시험장 등 사람들이 많이 모이는 행사에 이용되었습니다. 모래사장을 과거 시험장으로 활용한 경우가 많지는 않았지만, 특수한 경우라면 과거 시험장으로도 손색이 없었지요. 정조는 퇴계 이황의 죽음을 기리기 위해 후학을 양성하던 도산서원 앞 모래사장에서 도산별과를 개최한 바 있습니다. 당시 시험에 응시하기 위해 모인 유생

◆ **하항** 하천에 있는 항구. 배가 드나들 수 있는 하천의 하항은 교통 요지였다.

◆◆ **집산지** 생산물이 여러 곳에서 모여들었다가 다시 다른 곳으로 흩어져 나가는 곳

◆◆◆ **사통팔달** 도로나 교통망, 통신망 따위가 이리저리 사방으로 통함

의 수가 약 1만 명에 달한다고 하니, 모래사장이 얼마나 넓었는지 미루어 짐작할 수 있겠지요?

모래사장은 특히 우시장으로서의 효용이 컸습니다. 우선 수백 수천 마리의 소가 한데 머물기에는 아무래도 강변 모래벌판이 그만이었겠지요. 이곳들은 모두 화강암 지역입니다. 요컨대 선조들은 적절한 자연의 자리를 족집게처럼 찾아내는, 이른바 '공간 감수성'이 남달랐습니다.

쇠락한 씨름 경기와 사라져 가는 모래밭을 위한 변론

강이나 바닷가의 넓은 모래벌판을 모래톱이라고 부르기도 합니다. 앞서 살펴보았듯 모래톱은 인간에게 이로운 다용도의 공간이었지만, 반드시 기억해야 할 효용이 한 가지 더 있습니다. 바로 하천의 수질 정화 기능이에요.

모래톱이 형성되는 것은 강의 입장에서는 매우 자연스러운 일입니다. 강은 상류에서부터 하류까지 이동하는 중에 힘에 부치면 운반하던 물질을 내려놓고, 힘이 나면 다시 끌고 가지요. 그러다가 일정 기간 힘의 균형이 맞춰지면, 넓고 고운 모래톱이 만들어지고요. 대개 모래톱은 모래 공급이 많고 유속이 느려지는 구간에 발달하는데, 우리나라에서 손꼽히는 모래톱은 화강암 지역에

영주 무섬마을의 모습(위)과 내성천에 서식하는
흰수마자(아래)

있습니다.

경상북도 영주를 지나는 내성천 변의 무섬마을은 모래톱이 발달해 있습니다. 화강암 지역이 무섬마을을 둘러싸고 있어 하얗고 고운 모래가 연중 마을을 휘감지요. 연중 공급되는 모래의 양이 많고 수질이 깨끗해 이곳에 가면 언제나 고운 모래밭을 만날 수 있습니다. 모래밭과 내성천을 가로지르는 외나무다리를 건너는 일은 소박하면서도 특별한 정취를 자아냅니다. 이렇듯 넓은 모래톱이 있으니 자연히 멋들어진 씨름 한판이 생각날 법합니다. 무섬마을 외나무다리 축제에서 전통씨름대회가 빠지지 않고 치러지는 이유이지요.

인체에 비유하자면 모래톱은 콩팥에 해당합니다. 어지간한 오염물질도 켜켜이 쌓인 모래톱을 거치면서 정화되곤 합니다. 모래톱은 강에 없어서는 안 될 존재이지요. 나아가 수중 생명체도 모래톱 없이는 살 수 없습니다. 특히 토종 물고기 흰수마자는 내성천의 맑고 고운 모래톱이 키운 독특한 생명입니다. 하지만 최근 무섬마을의 모래톱이 빠르게 사라지는 안타까운 일이 벌어지고 있습니다. 상류에 영주댐이 건설된 후로 모래가 댐에 가로막혀 무섬마을에 이르지 못한 결과입니다. 우리 몸속의 혈액이 그렇듯 물도 자연스럽게 흘러야 하지 않을까요?

시인 김소월은 1922년 잡지 《개벽》에 〈엄마야 누나야〉라는 서정적인 시를 발표했어요. 엄마와 누나에게 강변에 살자고 조른 아이는 반짝이는 '금모래 빛'을 좋아했던 것 같습니다. 아이가 바라본 금모래는 아마도 모래톱을 이루고 있던 화강암 풍화 물질일 것입니다. 김소월의 고향인 평안북도 구성시 일대가 화강암 지역이거든요. 소월의 시절이 암울했던 일제 강점기가 아니었다면, 아마도 단옷날이면 금모래 빛 강변에서 동네 장정들이 흥겨운 씨름판을 벌였을지 모를 일이지요. 사라져 가는 모래톱과 쇠락하는 씨름판은 그래서 여러모로 닮았습니다.

3.

물살을 가르며
온몸으로 느끼는
신비로움과 짜릿함

서핑

SURFING

빈센트 반 고흐는 일본의 민중 미술인 '우키요에'를 사랑했습니다. 그는 강렬하고 화려한 색채의 판화를 보고, 색의 구현에 큰 영감을 받았다고 합니다. 그래서 그의 작품에는 우키요에를 모사하거나 배경에 슬쩍 끼워 넣은 것이 많아요. 모네, 고갱, 르누아르 등 당대 인상주의 화가들 역시 우키요에를 보고 큰 영감을 받았다고 하네요. 유럽에 입성한 우키요에는 이른바 '자포니즘'◆이라는 사조를 낳을 정도로 강렬한 인상을 남겼습니다.

수많은 우키요에 중 가장 널리 알려진 작품은 가쓰시카 호쿠사이의 〈가나가와 해변의 높은 파도 아래〉입니다. 작가는 배 세 척을 단박에 집어삼킬 정도로 기세등등한 쓰나미급의 파도를 표현했어요. 그는 작품을 통해 인간이 자연 앞에 한낱 보잘것없는 존재임을 강조한 것이지요.

하지만 뒤집어 생각하면 자연에 대한 인간의 호기도 만만치 않습니다. 호모 사피엔스 중에는 거대한 파도만을 찾아 거침없이 몸을 던지는 무리가 있거든요. 바로 서퍼입니다. 서퍼가 찾는 공간은 지리적으로 흥미로운 공통점이 있습니다. 파도와 한바탕 춤사위를 기대하는 '호모 서퍼쿠스'가 찾는 유토피아는 어디일까요?

◆ **자포니즘(Japonism)** 19세기 중반 이후 서양미술에서 나타난, 일본의 화풍이나 문화를 선호하는 현상

서핑의 요람, 포켓 비치

서핑은 파도를 이용한 놀이로 우리말로는 파도타기입니다. 돛단 배를 이용해 바람을 타는 윈드서핑과 달리, 서핑은 작은 보드에 올라 파도를 타지요. '파도를 탄다'는 표현은 자연력을 이용해 물결을 가르며 앞으로 나아가는 동태에 썩 어울리는 수사입니다.

해변 어디에나 파도가 있지만, 서핑을 즐길 만한 장소는 극히 적습니다. 바람은 파도를 만드는 상수인지라, 서퍼에게 중요한 것은 파도의 속도와 높이에 영향을 주는 공간 변수지요. 이러한 변수는 이른바 '포켓 비치(Pocket Beach)'라는 특정 지형 조건을 만족시키는 경우가 많습니다.

포켓 비치는 말 그대로 주머니처럼 생긴 해안이에요. 포켓 비치를 위에서 내려다보면 바다를 향해 튀어나온 두 지점의 안쪽이 주머니처럼 쏘옥 들어간 모양새입니다. 주머니 모양이 뚜렷할수록 이상적이지요.

바다를 향해 튀어나온 곳은 '곶', 육지를 향해 들어간 곳은 '만'입니다. 포켓 비치는 두 개의 곶과 하나의 만이 조화를 이뤄 만들어 내는 지형이지요. 일반적으로 '곶'은 암석이 주를 이루고, '만'은 퇴적 물질로 구성됩니다. 포켓 비치를 찾은 서퍼들은 '만'의 해변에서 몸을 맡길 파도를 기다립니다.

포켓 비치 모식도

포켓 비치의 생김새는 서퍼들이 원하는 파도를 잘 만들어 줄 수 있는 구조입니다. 일정한 방향으로 해안에 들어오던 에너지는 바다를 향해 돌출한 부분에서 에너지의 상당 부분을 빼앗깁니다. 이후 남은 에너지는 특정 각도로 해변에 밀려드는데, 포켓 비치는 곶에서 곶까지의 거리가 가까워 해안선이 단조로운 해변보다 에너지의 세기가 강하지요. 그래서 파도의 속도가 주변보다 빠른 편입니다. 이게 바로 세계의 주요 서핑 명소가 대부분 포켓 비치인 이유랍니다.

서핑의 변화를 만드는 해저지형

포켓 비치에 여장을 푼 서퍼는 밀려드는 파도를 유심히 관찰합니다. 경험이 많은 서퍼일수록 파도의 세기가 일정한지, 솟구쳐 올라 한번에 이어지는 파도의 길이가 적합한지를 종합적으로 따져보지요. 서퍼가 관찰하고자 하는 바는 해저지형과 밀접한 관련이 있습니다. 해저지형이 서퍼에게 중요한 까닭은 뭘까요?

포켓 비치를 구성하는 해저지형은 크게 비치 브레이크, 리프 브레이크, 포인트 브레이크로 나뉩니다. 비치 브레이크는 포켓 안으로 밀려든 퇴적물이 서핑에 적합한 파도를 만드는 경우고요. 연안으로부터 공급된 모래가 해변에 쌓이면 밀려드는 파도에 브레이크를 주어 물결이 높아집니다. 비치 브레이크는 퇴적물이 바닷물의 충격을 흡수하는 경우라 해저지형의 변화가 잦은 것이 특징입니다.

리프 브레이크는 연안에 기반암이나 산호초◆가 발달한 경우입니다. 기반암이나 산호초는 그 자체로 파도를 응축하는 힘이 강해서 높고 일정한 파고를 만들어 내지요. 서핑에 능통한 프로 서퍼는

◆ **산호초** 산호충의 골격과 분비물인 탄산칼슘이 퇴적되어 형성된 암초. 주로 열대나 아열대의 얕은 바다에 형성된다.

비치 브레이크

리프 브레이크

포인트 브레이크

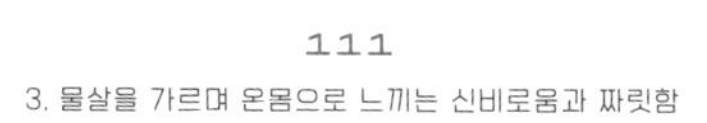

보다 더 높은 파도를 즐기기 위해 리프 브레이크를 선호합니다.

마지막으로 포인트 브레이크는 바다를 향해 길게 뻗은 돌출 지형이나 인공 구조물이 파도의 크기와 방향성을 일정하게 통제하는 경우입니다. 포인트 브레이크에선 서퍼가 해당 지역의 파도를 정확하게 이해할 수 있는 장점이 있겠지요?

포켓 비치가 높은 파도를 만드는 충분조건이라면 해저지형은 파도의 변화를 만드는 필요조건입니다. 양자를 두루 갖춘 소수의 '핫 플레이스'는 서퍼들에게 인기가 높습니다. 초보자라면 비치 브레이크, 일정 수준의 경험과 기술을 겸비한 사람이라면 리프 브레이크와 포인트 브레이크에 도전해 볼 만합니다.

우리나라 서핑의 핫 플레이스

우리나라는 삼면이 바다로 둘러싸여서 서핑을 즐길 수 있는 장소가 여럿입니다. 동해에서는 양양 죽도 해변의 비치 브레이크가 꽤 유명하지요. 죽도 해변은 깔끔한 형태의 포켓 비치입니다. 해변의 모래는 주로 배후의 화강암 산지에서 공급되어, 남대천 등 하천을 따라 바다로 흘러 옵니다. 이들이 북에서 남으로 흐르는 연안류를 따라 포켓 비치에 담기는 흐름을 연상하면 이해가 쉬울 거예요. 나아가 죽도 해변은 곶과 곶 사이에 암초가 많아 최대

양양 죽도 해변

3미터에 이르는 높은 파도를 연출할 수 있답니다.

서해의 만리포 역시 포켓 비치입니다. 만리포 해변의 모래도 주변의 화강암 산지에서 공급되는 경우가 많아요. 해안의 모래는 연안을 따라 이동하다가 파도와 조류를 만나 포켓 비치에 안착하지요.

죽도 해변과의 차이가 있다면 해저지형입니다. 서해의 해저지형은 조수간만의 차가 커서 물질이 균질하게 쌓이는 경향이 있습니다. 서해로 유입하는 하천이 공급한 물질은 바다를 유유히 떠

다니다가 아주 천천히 드나드는 밀물과 썰물에 떠밀려 바닥에 차곡차곡 쌓입니다. 그래서 해저지형이 완만한 편이고, 결이 고운 비치 브레이크가 만들어져 초보자도 서핑을 부담 없이 즐길 수 있는 환경을 제공하는 것이 특징이지요. 만리포의 낙조와 어우러진 서퍼의 실루엣은 꿈결 같은 파도를 따라 영화의 한 장면처럼 흐르는 느낌을 자아내곤 합니다.

남해에서는 부산 송정과 고흥 남열해돋이 포켓 비치가 손꼽힙니다. 두 해변에선 여름철 남동풍이 만들어 내는 근사한 파도를 즐길 수 있어요. 이 해변들에 들어오는 파도는 바다로부터 맞이하는 첫 번째 파도입니다. 남해는 크고 작은 반도가 많아 큰 바다로 열린 곳과 육지를 향해 닫힌 곳이 공존합니다. 그래서 최대한 바람을 강하게 받으려면 지리적으로 외해여야 서핑에 적합하지요. 두 해변은 이러한 지리적 조건을 모두 만족하는 포켓 비치라는 공통점이 있습니다.

제주에선 월정리와 중문 해변이 서퍼들에게 사랑받고 있어요. 제주의 포켓 비치에 쌓인 퇴적물은 육지와 사뭇 달라요. 이 해변들에 쌓인 모래는 주로 조개껍데기가 모래처럼 잘게 부서진 경우라 곱고 하얗지요. 제주의 바다는 이들의 도움을 받아 에메랄드 빛깔을 띠는 곳이 많습니다. 에메랄드 빛깔은 특히 수심이 얕은 곳에서 잘 관찰할 수 있는데요, 이 빛깔은 제주 아열대 해역의 산호초에서 나온 석회질 성분이 물에 녹아 생기는 현상입니다. 같은 바다여도 푸른빛을 띠는 부분, 누런빛을 띠는 부분이 있는 것은, 바다에 떠 있는 물질에 따라 색이 달라지는 원리에 의한 것입니다. 곳에 따라 나타나는 '검은 모래 해안'은 기반암인 현무암 때문에 검은색을 띠는 경우이고요.

어때요, 해변이라고 다 같은 게 아니지요? 지리학은 이처럼 지역별 차이점을 읽어 내는 데 훌륭한 도구가 된답니다.

세계 서핑의 핫 플레이스

하와이는 서핑 역사에서 빼놓을 수 없는 메카입니다. 본디 폴리네시아에서 기원한 파도타기는 하와이에서 오늘날의 꼴을 갖추었지요. 하와이 출신 듀크 카하나모쿠는 현대 서핑의 아버지라고 불립니다. 올림픽 수영선수였던 그는 오하우섬의 포켓 비치 와이키키에서 서핑의 서막을 알렸어요. 오하우섬의 북면엔 해안선 자체가 포켓 모양인 노스 쇼어가 있는데요, 노스 쇼어에는 강력한 겨울 계절풍과 넓고 고른 기반암의 조합으로 큰 파도가 만들어집니다. 그래서 이곳에서는 세계 정상급의 서핑 대회가 자주 열리지요.

그런가 하면 오스트레일리아에선 골드 코스트의 이름값이 높

하와이 북부에 위치한 오하우섬의 노스 쇼어

습니다. 광활한 크기의 열린 포켓 비치에는 연중 일정한 강도의 파도가 밀려들지요. 남북으로 길게 뻗은 해변에는 인공 구조물이 구간별로 포인트 브레이크를 만들어 세계 각지의 서퍼를 유혹합니다. 골드 코스트의 곶에 해당하는 버레이 헤드 국립공원에 오르면 서퍼의 환상적인 묘기를 한껏 감상할 수 있답니다. 이웃한 뉴질랜드 북섬의 라글란 나루누이 해변도 좋은 서핑 포인트입니다. 화산 지대로 해변의 모래 빛깔이 어두울 뿐, 골드 코스트와는 지리적 문법이 같지요.

지금은 서핑 시대

우리나라의 서핑 인구와 관련 업체는 해를 거듭할수록 빠르게 늘고 있습니다. 이러한 상승세는 인공 서핑장의 탄생으로 이어졌지요. 인공 서핑장의 균일하면서도 예측 가능한 파도는 서퍼에게 상당히 매력적입니다. 시간당 1,000번 남짓 연출되는 인공 파도가 초급자와 상급자의 수준에 맞춤으로 제공되는 곳도 있어요. 계절을 가리지 않고 서핑을 즐길 수 있는 것도 큰 장점이지요.

우리나라의 인공 서핑장은 경기도 시화호 내 거북섬에 들어섰습니다. 거북섬은 시화방조제 건설로 매립한 인공섬이에요. 본디 시화호가 위치한 경기만은 조수간만의 차가 매우 커 서핑에 불리합니다. 이렇게 불리한 자연조건을 기술력으로 극복한 인공 서핑

국내 서핑 인구와 서핑 관련 업체 수 변화 추이

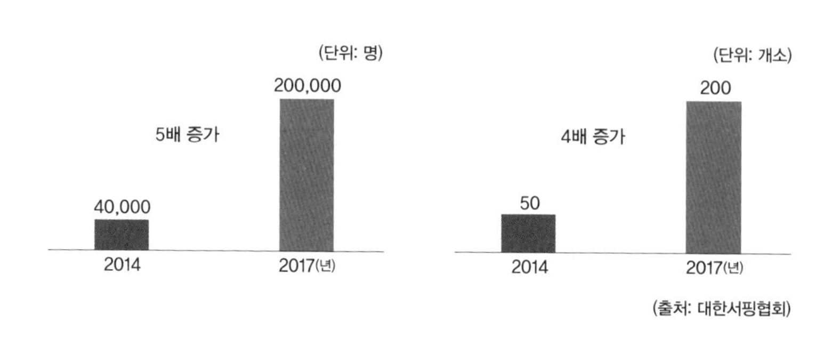

(출처: 대한서핑협회)

가쓰시카 호쿠사이의 〈가나가와 해변의 높은 파도 아래〉

장은 인간의 욕망을 보여 주는 것이기도 하지요.

서핑의 무서운 성장세는 2020 도쿄 올림픽에서 처음으로 정식 종목으로 채택되면서 꽃을 피웠습니다. 최초의 올림픽 서핑 장소는 지바현의 포켓 비치 쓰리가사키 해변입니다. 쓰리가사키 해변에는 해안의 모래 침식을 방지하기 위해 설치한 인공 구조물이 많습니다. 앞서 말했듯이, 이처럼 바다 쪽으로 길게 뻗어 나온 인공 구조물은 포인트 브레이크를 만들어 규칙적인 파도를 제공합니다. 올림픽에 참가한 프로 서퍼가 파도를 예측해 기술을 선보이기에 적합한 환경인 셈이지요.

일본 이야기가 나왔으니, 우키요에 〈가나가와 해변의 높은 파도 아래〉에 묘사된 가나가와 해변은 서핑에 적합한지 알아봅시다. 가나가와 해변은 이상적인 포켓 비치에 굴곡이 심한 해저지형을 지녔습니다. 게다가 태평양으로 열려 있는 외해라 강한 바닷바람을 직접 마주하지요. 그래서 오래전부터 일본에서 손꼽히는 서핑 장소였습니다.

세계적인 서핑 명소에 갈 기회가 있다면 포켓 비치인지 확인해 보세요. 바람이라는 상수와 해저지형이라는 변수를 조합하면 왜 서핑의 핫 플레이스가 되는지 알 수 있을 거예요.

스쿠버다이빙
Scuba diving

1831년 말, 영국 남서부 해안에 위치한 팰머스항에서 각종 측량 장비를 실은 비글호가 긴 항해를 시작했습니다. 비글호에는 다양한 분야의 전문가가 탑승했는데, 그중에는 찰스 다윈도 있었어요. 다윈은 자연사 연구원의 신분으로 배에 올랐습니다. 어려서부터 곤충과 생물, 화석 등에 깊은 관심을 보였던 그는 항해 기간 방대한 동식물 종을 꼼꼼하게 관찰해 나갔지요.

다윈이 항해 중에 만난 갈라파고스 제도의 생물종은 진화론적 사고실험의 토대가 된 것으로 유명합니다. 나아가 그는 코코스 제도를 지나면서 이곳이 산호 군락으로 만들어진 환초◆임을 밝혔어요. 아마도 그는 때론 둥글게 때론 하트 모양처럼 아름답게 엮인 코코스 제도를 지나며 다양한 생물종을 관찰했을 것입니다.

만약 다윈이 오늘날 산호초 지역을 지난다면, 검은 몸에 긴 발바닥을 가진 낯선 생물종을 보고 깜짝 놀랄 수도 있겠네요. 바로 스쿠버다이빙을 즐기는 신인류를 보고 말이에요.

◆ **환초** 고리 모양으로 배열된 산호초. 안쪽은 얕은 바다를 이루고 바깥쪽은 큰 바다와 닿아 있다. 주로 태평양과 인도양에 분포한다.

스쿠버다이빙은 산호초와 함께

스쿠버다이빙은 산소 탱크를 등에 지고 잠수하여 여러 생물종을 관찰하는 레포츠입니다. 태평양 제도의 원시 부족은 오랜 훈련과 경험으로 산소 없이 몇 분 동안 바닷속에 머물 수 있었다고 합니다. 지금으로 치면 생존을 위해 프리 다이빙의 경지에 오른 셈이네요.

하지만 보통 사람이라면 바닷속에서 1분도 채 견디기 힘듭니다. 그래서 전문 장비로 중무장하고 수중 생태계에 입장하지요. 심해에서 마주하는 신비로운 산호초와 그 곁에서 살아가는 이채로운 생물종은 스쿠버다이빙의 백미입니다. 이렇게 보면 스쿠버다이빙은 산호초 곁에 머물고자 한 원시 인류의 욕망과 닿아 있네요.

산호초가 형성되려면 먼저 산호가 발달해야겠지요? 산호는 해파리나 말미잘 같은 해양생물의 친척뻘 되는 자포동물이 모여 나뭇가지처럼 뻗어 나가 만들어집니다. 산호는 석회의 주된 광물인 탄산칼슘을 분비하면서 보디빌더처럼 몸집을 키우고, 바깥쪽을 단단하게 만들어 안을 보호하지요. 이들이 서로 연대해 제법 규모가 커지면, 이른바 산호초가 되는 거예요. 산호가 해양식물이라고 알고 있는 사람들도 있는데요, 오해입니다. 산호는 몸체의 가장 바깥 부분에 있는 촉수로 사냥이나 영역 다툼을 하는 엄연한 해양동물이거든요.

산호초는 대개 열대 및 아열대의 얕고 따뜻한 바다에서 잘 자랍니다. 이는 산호가 특히 수온과 햇빛에 민감하다는 것을 뜻해요. 산호가 서식하기 가장 좋은 온도는 약 25℃ 안팎입니다. 그래서 고위도 해역에서는 적도 주변처럼 산호 군락이 풍성하지 않아요. 볕이 좋은 얕은 바다라야 해서 수심도 약 150m 내외로 제한되는 것이 일반적이고요. 이 조건들을 만족하는 공간에 옹기종기 모여 있는 산호 군락은 그 자체로 거대한 생태계의 보고입니다. 해양생물 종의 약 25%가 산호초에 기대 살고 있다고 하니, '바다

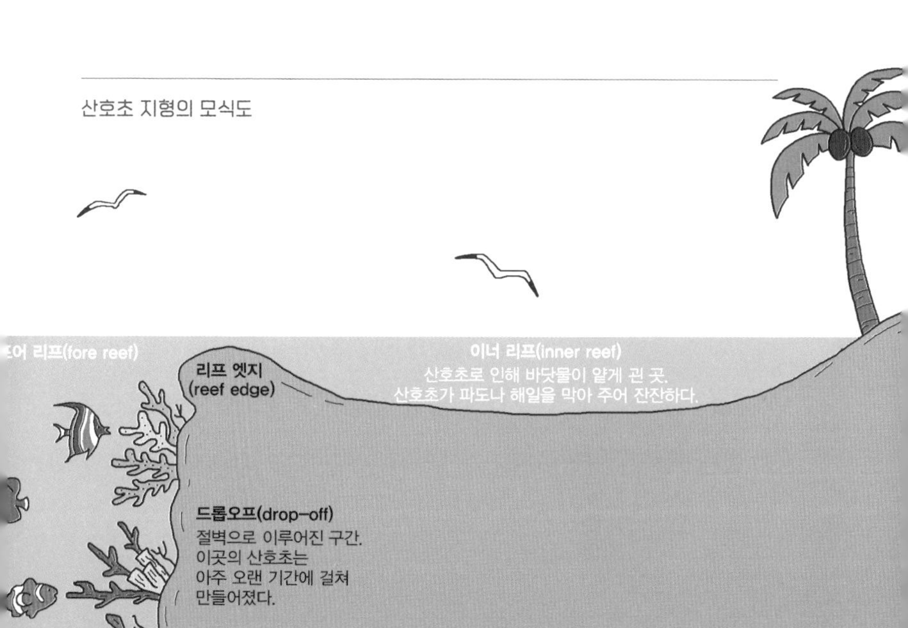

산호초 지형의 모식도

형형색색의 산호초 사이를 유영하는 스쿠버다이버

의 아마존'이라 불러도 손색이 없지요.

산호초에 딸린 식구는 그 수를 헤아리기 힘들 만큼 많습니다. 그중에서도 애니메이션으로 널리 알려진 '니모' 흰동가리와 '도리' 블루탱을 떠올리는 분도 있겠네요. 그밖에 날카로운 가시를 가진 가시복, 느긋한 매부리바다거북, 상냥한 해마, 거대한 대왕가오리 등은 이곳에 얼마나 다양한 생물종이 살고 있는지를 알려주지요. 바다거북과 나누는 특별한 교감은 스쿠버다이빙만이 줄 수 있는 색다른 경험입니다.

세계 최대의 산호초에서 즐기는 스쿠버다이빙

대기권 밖에서 지구를 바라보면 '블루 마블' 사이에서 커다란 자연 구조물을 볼 수 있습니다. 바로 그레이트배리어리프라고 불리는 대보초입니다. 오스트레일리아 북동부 퀸즐랜드주 해안을 따라 남북으로 길게 뻗은 대보초는 세계 최대의 산호 군락을 보유하고 있어요. 이 해안은 적도와의 거리가 가까워 수온이 25℃ 내외로 산호가 잘 자랄 수 있는 핵심 조건을 갖추고 있지요. 유네스코는 일찌감치 이 지역을 세계자연유산으로 지정해 남다른 보존 가치를 세계에 알렸습니다.

대보초란 '커다란 암초 둑'을 가리킵니다. 둑이라면 물길을 막는다는 뜻인데, 실제로 대보초는 바깥 바다에서 들이치는 파도를 막아 주는 방파제 역할을 하지요. 지형학적으로 보면 대보초의 의미가 더욱 분명해집니다. 보초는 섬과 일정한 거리를 두고 평행하게 발달하는 산호초를 뜻하므로, 결국 대보초는 거대한 산호 군락이 해안과 평행하게 발달한 산호 군락 안쪽 지역을 의미하지요. 그래서 너비와 면적이 넓습니다. 대보초는 약 900여 개의 섬과 2,900개가량의 개별 암초가 모여 있는 생물종의 복합 터미널과 같은 공간이에요.

그렇다면 대보초의 외곽을 구성하는 산호초는 어떻게 형성되

오스트레일리아의 대보초

었을까요? 여기엔 해수면 변동이 관여합니다. 대보초 지역은 밀물과 썰물의 영향을 받는 조간대◆ 지역으로 평균 수심이 얕아요. 그래서 빙기와 간빙기의 교대에 따라 큰 폭의 해수면 변동이 발생하면, 일정 시간 동안 육지가 되거나 바다가 되었습니다. 간빙기가 되어 해수면이 대륙붕을 덮을 때 자라난 산호는 빙기가 되어 해수면이 내려가면 침식되면서 석회암 지대를 남기는 흐름이

◆ **조간대** 만조 때의 해안선과 간조 때의 해안선 사이의 부분. 만조 때에는 바닷물에 잠기고 간조 때에는 수면 위로 드러난다.

지요. 이러한 과정이 여러 번 반복되는 중에 다시 해수면이 차오른 오늘날 가장 높이 남은 곳이 대보초의 경계를 이룬 산호초입니다.

든든한 천연 장벽이 막아 주는 대보초 해안은 파도가 잔잔하고 수심이 얕아 스쿠버다이빙에 안성맞춤인 환경을 제공하지요. 든든한 대보초가 거센 파도를 막아 주어서 초보자라도 간단한 교육만 받으면 바로 입수할 수 있답니다. 대보초 해안이 스쿠버다이버에게 선망의 장소가 된 것은 이처럼 다양한 지리적 조건이 적절하게 조합되어서입니다. 이쯤 되면 대보초 해안을 스쿠버다이버의 '핫 플레이스'라고 불러도 손색이 없겠지요?

난류의 도움으로 즐기는 한국의 스쿠버다이빙

우리나라 영토 최남단 마라도는 북위 33도에 위치합니다. 기후학적으로 아열대의 구분은 북위 25~35도 내외에 속하므로, 이 범주에 드는 남한 대부분 수역에서 제법 괜찮은 산호초가 발달할 것이라고 생각하기 쉽습니다.

하지만 엄밀히 말해 아열대의 기준은 위도와 대기 온도, 연평균 해수 온도 등 고려할 사항이 많습니다. 우리나라는 곳에 따라 차가운 한류의 영향을 받기도 하고, 겨울엔 무척 추워서 아열대

기후와 거리가 멀지요. 제주 해역의 평균 수온이 20℃가 채 되지 않으니, 산호의 발달이 제한적임을 미루어 짐작할 수 있습니다. 그래서일까요? 스쿠버다이빙에 적합한 다이빙 포인트도 제한적이에요. 그나마 제주와 남해안, 울릉도와 동해안 정도가 널리 알려진 포인트입니다. 흥미롭게도 이 지역들은 해류라는 하나의 키워드로 묶입니다. 이게 무슨 소리냐고요?

한반도의 스쿠버다이빙 포인트를 관장하는 것은 크게 보아 구로시오 난류입니다. 구로시오 난류는 필리핀과 남중국해 해역을 거쳐 일본으로 향하는 세계적 규모의 해류입니다. 구로시오 해류의 본줄기는 태평양과 면한 일본의 동부 지역으로 빠져나가지만, 오키나와 일대에서 분기한 한 줄기는 한반도를 향해 거슬러 오르지요. 이 물줄기는 쓰시마섬 일대에서 다시 나뉘어 한반도를 향해 오르는데, 이게 바로 동한 난류예요. 대마 난류와 동한 난류의 물길은 우리나라의 스쿠버다이빙 포인트와 정확히 일치한답니다.

제주도 및 남해안은 주로 대마 난류의 영향을 받고, 울릉도와 동해안은 동한 난류의 영향을 받지요. 동한 난류는 동해안을 따라 오르다가 울릉도로 꺾여 들어가는 특이한 흐름을 보입니다. 서해안으로도 황해난류라는 작은 지류가 제주에서 분기해 올라가지만, 다시 제주를 거쳐 남해안으로 회귀하는 흐름을 보여서

한반도 주변 해역의 해류 모식도

서해안은 난류의 지원을 충분히 받지 못하는 지리적 한계가 있지요.

동한 난류는 동해안을 따라 거슬러 오르다가 휴전선 부근에서 한류를 만납니다. 이 한류는 고위도의 연해주한류에서 갈라져 나온 북한 한류예요. 난류와 한류가 만나는 이 지점은 동한 난류가 울릉도를 향해 각도를 꺾는 지점과 대략 일치합니다. 생각해 보니 난류와 한류가 만나는 곳은 난류성 어족과 한류성 어족을 모두 아우를 수 있는 좋은 스쿠버다이빙 포인트가 되겠네요. 그래서 울릉도에선 제법 진귀한 생물종을 감상할 수 있습니다. 요컨대 국내 스쿠버다이버들이 좋아하는 다이빙 포인트는 모두 난류의 도움을 받는 곳이랍니다.

기후변화와 스쿠버다이빙의 미래

스쿠버다이빙 입문자가 처음 바다에 들어가서 가장 감동하는 대상은 오색찬란한 빛깔을 뽐내는 산호입니다. 산호는 본디 친척뻘인 해파리나 말미잘처럼 투명한 옷을 입고 있어요. 하지만 산호는 공생의 길을 택해 조류를 받아들입니다. 산호에 붙은 공생조류◆는 안정적인 서식처를 얻는 대신 광합성으로 만든 양분을 산호에게 공급하지요. 공생조류의 색깔은 형형색색 아름다워 스쿠버다이버의 오감을 자극합니다. 햇빛이 들어올 수 있는 얕은 바다에 아름다운 산호초가 즐비한 이유이기도 하고요.

◆ **공생조류** 물속에서 광합성으로 영양분을 얻는 식물 중 다른 식물이나 동물의 몸속으로 들어가거나 달라붙어 서로 이익을 나누며 살아가는 조류

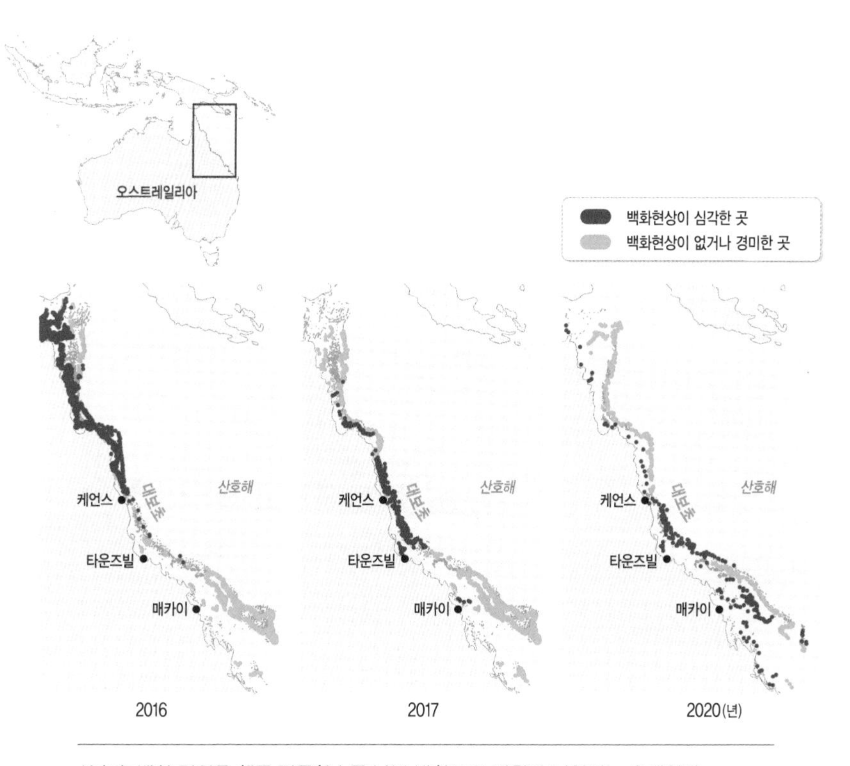

산호초 백화 지역은 해를 거듭할수록 남북 방향으로 범위가 넓어지는 추세이다.

하지만 때에 따라 산호와 공생조류는 이별을 택합니다. 산호가 환경 조건에 극도로 민감하기 때문이에요. 바닷물의 온도, 산성도, 오염물질의 정도 등이 조금이라도 입맛에 맞지 않으면 산호는 스트레스를 받아 공생조류에게 방을 빼라고 명령합니다. 스트레스로 가득한 집주인을 견뎌 낼 세입자는 드물 거예요. 이참에

수온 상승으로 백화현상이 나타난 산호초

공생조류는 새로운 거처를 찾아 떠나고 빈집은 본래의 하얀색 석회질 외피로 남습니다. 환경이 안정화되어 산호가 다시 살아나기도 하지만, 대부분의 산호는 시름시름 앓다가 죽음에 이르고 말아요. 이를 '백화현상'이라고 부릅니다. 백화현상은 "내가 곧 죽을지도 모르니, 제발 살려 달라"라고 외치는 산호의 조난 신호입니다.

세계적으로 백화현상이 심한 곳은 모두 수온 상승이라는 공통점이 있어요. 따뜻한 바다를 선호하는 산호라지만, 온도가 임계점을 넘으면 스트레스를 견디지 못하고 죽음을 택하는 것입니다.

수온의 변화는 결국 기후변화라는 지구의 환경 문제와 맞물려 있어요. 기후변화로 수온이 올라가면 바닷물은 대기 중의 더 많은 이산화탄소를 흡수해 해양 산성도가 높아지는 악순환이 거듭됩니다. 만에 하나 산호초가 모두 죽고 곁에 머물던 생명이 떠난다면, 우리가 스쿠버다이빙으로 만날 수 있었던 아름다운 풍경도 사라지겠지요. 기후변화에 민첩하게 대응해야 하는 또 하나의 이유입니다.

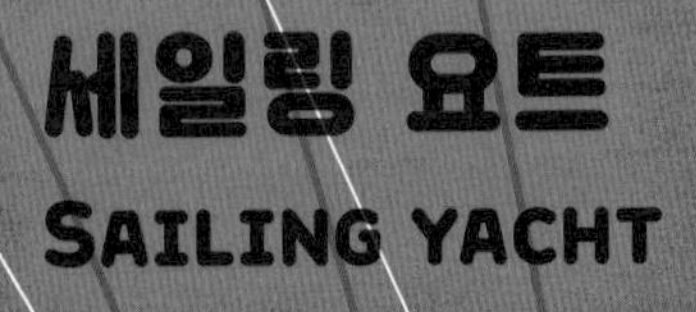

바람 따라 흐르고픈 요티의 바람

‘풍운아(風雲兒)’라는 표현을 들어 보았나요? 좋은 때를 타고 활동하여 세상에 두각을 나타내는 사람을 일컫는 말입니다. 어떤 분야에 나타나 활약을 펼치고 사라지는 풍운아의 특징을 잘 나타내 주는 핵심 단어는 바람이지요. 바람은 눈에 보이지 않지만, 좋은 때를 타고 나타났다 사라지기에 풍운아의 면모와 닮았습니다.

세계사의 과거로 시계를 돌려 보면 바람으로 큰 족적을 남긴 풍운아가 적지 않습니다. 대항해시대를 열었던 수많은 탐험가가 바람을 타고 새로운 대륙에 도착했고, 프로펠러 동력기를 띄운 라이트 형제는 바람의 안정적인 조력을 받아 최초의 비행에 성공했지요. 소설가 마거릿 미첼은 《바람과 함께 사라지다》로 문학사와 영화사에 한 획을 그었고, 인상파 화가 클로드 모네는 〈양산을 쓴 여인〉에 바람을 담았습니다. 이렇게 보니 바람은 인류사를 관통하는 키워드라고도 할 수 있겠네요.

그래서일까요? 최근 바람을 타고 너른 바다로 나가려는 이가 늘어나고 있습니다. ‘요티(yachtie)’, 바로 요트를 타는 사람들입니다. 그들은 기계보다 바람의 힘을 더 좋아합니다. 요트에 돛을 달면 날 것 그대로의 탐험 본능이 열리지요. 바람을 타면 거센 파도도 두렵지 않습니다. 서퍼가 파도를 타듯, 요티는 바람의 힘을 만끽합니다. 그래서 요트 타기는 바람을 만나는 일과 같아요. 바람이 가는 길이 곧 물길이니까요.

세일링 요트는 바람을 싣고

요트는 본디 사냥용으로 네덜란드 해군이 고안한 배입니다. 요트는 작고 운전이 간편해 단거리를 빠르게 이동할 때 활용됐지만, 지금은 초호화 크루즈에 버금갈 정도로 경제적으로 여유 있는 사람의 전유물로 여겨집니다. 요트에는 여러 종류가 있는데요, 일반적으로 바람을 타는 요트는 '세일링◆ 요트(sailing yacht)'라고 부릅니다.

변화무쌍한 바람이라도 요트는 앞으로 나아갈 수 있습니다. 이는 세일링의 기본 원리를 조금만 들여다보면 쉽게 이해할 수 있어요. 요트를 향해 불어오는 바람의 방향은 다양하지만, 요트가 나아가는 방향을 기준으로 보면 크게 보아 앞 또는 뒤로 구분할 수 있으니까요. 먼저 바람이 뒤에서 불어오는 경우를 살펴볼까요? 바람이 뒤에서 불어오면 요트의 진행 방향을 향해 밀어주는 효과가 발생해 배는 자연스럽게 앞으로 나아갈 수 있습니다. 욕조 위에 떠 있는 종이배를 입김으로 불어 맞은편으로 보내는 원리와 같아요.

반대로 바람이 요트의 진행 방향에서 불어오면 어떨까요? 그래

◆ **세일링** 카누에 돛을 달아 항해하는 경기 방식. 삼각형 모양의 대형 부표가 있는 경기장을 항해하는 요트 경기와 비슷한 방식으로 진행된다.

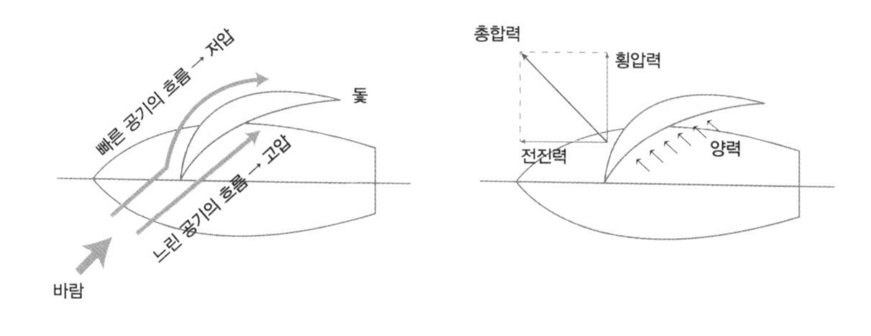

바람이 앞에서 불어오는 경우의 요트 추진의 원리. 횡압력은 옆으로 가려는 힘을, 전진력은 앞으로 가려는 힘을 가리킨다.

도 요트는 나아갈 수 있어요. 돛의 방향을 정면에서 불어오는 방향과 수평으로 맞춰 바람이 돛의 양옆을 스치도록 하는 게 항해의 포인트입니다. 세일링에선 이를 '바람을 굽힌다'라고 표현해요. 이렇게 바람을 굽히면 양력◆이 발생해 보트는 앞과 옆으로 나아가려 합니다. 여기서 옆으로 나아가려는 힘을 보조장치를 이용해 억제하면 바람의 힘을 오롯이 앞으로 나아가는 데 쓸 수 있지요.

세일링 요트는 이처럼 크게 두 가지의 힘을 변용해 다양한 방

◆ **양력(揚力)** '하늘을 나는 힘'이라는 뜻이다. 비행기의 날개를 보면 밑은 평평하게, 위는 타원형으로 제작되어 있다. 공기가 날개를 향해 들어오면 둥근 윗부분의 속도가 평평한 밑 부분의 속도보다 훨씬 빨라 기압 차이가 발생한다. 마치 밀도가 높은 고기압에서 저기압으로 바람이 불어가는 것처럼, 평평한 밑 부분의 높은 기압에서 타원형의 윗부분의 낮은 기압으로 힘이 작용하는데, 이를 양력이라 한다. 다시 말해 중력을 이기고 하늘을 날 수 있도록 위로 작용하는 힘이 바로 양력이다.

항각을 잡을 수 있습니다. 이는 비행기가 상승하거나 운행 방향을 바꾸는 기본 원리와 같아요. 세일링과 비행 모두 바람을 타야 한다는 점에서 본질적 속성이 같은 것이지요.

세계 일주를 꿈꾸는 요티를 위한 지구적 바람

세일링 요트가 있는 사람이라면 한 번쯤 무동력 세계 일주를 꿈꿀 법합니다. 무동력 세계 일주란 기계의 힘을 전혀 빌리지 않고 세계를 한 바퀴 도는 거예요. 지구가 둥글다는 사실을 알지 못했던 시대, 수평선 너머 바다 끝 어딘가엔 죽음의 낭떠러지가 있을 거라고 두려워했던 과거에는 감히 도전할 수 없었던 일이지요. 1519~1522년까지 3년여에 걸쳐 세계 일주에 성공한 페르디난드 마젤란과 선원들이 있었기에 인류의 항해는 새로운 전기를 맞이했습니다.

이제 첨단의 과학기술로 무장한 세일링 요트의 시대입니다. 바람의 속성을 알고 그것을 잘 이용할 줄 알면 무동력 세계 일주가 결코 꿈같은 일이 아니라는 거예요. 원대한 꿈을 가진 '마린걸', '마린보이'라면 반드시 바람을 알아야겠지요?

바람을 알려면 무엇보다 먼저 대기 대순환에 대한 이해가 필요합니다. 대기 대순환은 위도에 따른 태양복사 에너지의 차이에서

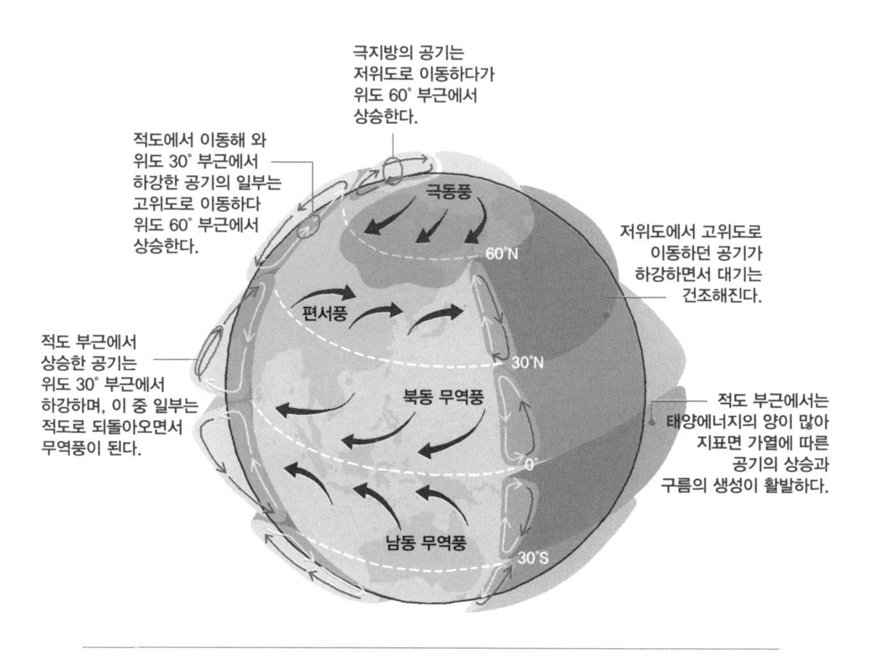

지구의 대기 대순환과 구간별 특징

발생합니다. 태양과 수직으로 놓여 단위 면적당 에너지를 많이 받는 적도는 비스듬히 누워 있는 극지방보다 항상 에너지가 많습니다. 그래서 적도 지방의 에너지는 고위도로 이동해 균형을 맞추려고 하지요. 이러한 불균등은 곧 위도 간 공기의 흐름으로 나타나 특정 위도에서 연중 일정한 바람의 방향을 만들어 줍니다.

적도는 연중 뜨거워 공기가 잘 데워지므로 상승기류 발달이 탁월하지요. 1년 내내 솟아오른 더운 공기는 고위도로 이동하면서

항해 중인 세일링 요트

식습니다. 공기가 식는 과정에서 꾸준히 도달하는 범위는 위도로 보면 남·북위 30도 내외예요. 이곳에 도달한 공기는 다시 두 갈래로 나뉘어 한 갈래는 고위도로, 나머지는 적도를 향해 나아갑니다. 여기서 고위도로 가는 바람을 편서풍, 적도로 가는 바람을 무역풍이라고 불러요. 편서풍과 무역풍은 지구적 불균형을 바로잡기 위한 자연의 노력으로 만들어졌다고 할 수 있지요. 그래서 연중 일정하고 예측이 가능합니다.

세일링 요트 항해자라면 특히 무역풍에 관심을 둬야 합니다.

무역풍은 방향이 일정해서 이름 그대로 무역 항해자들이 신뢰할 수 있었기에 붙여진 이름이지요. 북반구의 무역풍은 늘 북동에서 남서쪽으로, 남반구의 무역풍은 늘 남동쪽에서 북서쪽으로 휘어져 적도를 향해 나아갑니다. 가령 콜럼버스는 북동에서 남서 방향으로 불어가는 무역풍을 이용해 아메리카 대륙에 도착할 수 있었지요. 연중 일정한 바람은 항해자에게 큰 선물입니다. 무동력 요트에 오른 유럽인이 적도를 향해 나아갈 때, 아프리카가 아닌 아메리카 대륙으로 나아간 것과 맥을 같이하지요.

세계 일주를 꿈꾸는 요티라면 알아야 할 몬순

지구의 대기 대순환을 알았다면, 그 질서를 거스르는 예외 사례로 몬순에 대해 살펴볼까요? 몬순은 계절을 뜻하는 아랍어 '마우심(mausim)'에서 유래한 단어로, 우리에게는 계절풍으로 익숙하지요. 몬순이 부는 까닭은 바다와 육지의 배열 상태를 뜻하는 수륙분포 차이에서 옵니다. 이게 무슨 뜻이냐고요?

같은 양의 에너지가 바다와 육지에 도달한다면, 일정 온도까지 더 빨리 상승하는 곳은 육지입니다. 바다는 육지보다 비열◆이 커

◆ **비열** 어떤 물질 1g의 온도를 1℃ 올리는 데 필요한 열량

서 상대적으로 온도 변화 폭이 작지요. 그래서 바다는 육지보다 천천히 뜨거워지고 천천히 식습니다. 여름에 더 빨리 가열되는 육지는 상승기류가 활발해져 저기압 상태가 되고, 상대적으로 덜 가열되어 고기압 상태를 유지하는 바다에서 바람이 불어와 그 빈 자리를 채웁니다. 겨울에는 반대로 대륙에서 바다로 바람이 불어 이른바 몬순이 나타나고요.

여기서 중요한 것은 몬순의 영향을 받는 지역은 대기 대순환과는 별개로 몬순의 영향권 아래 놓인다는 점이에요. 세일링 요트로 세계 일주를 한다고 했을 때 몬순을 고려해야 하는 것은 바로 이 때문입니다.

요트로 세계 일주 중 인도 해역을 통과할 요량이라면 몬순의 의미가 더욱 커집니다. 인도 몬순은 세계에서 가장 강력하거든요. 인도 몬순의 강력한 힘은 거대한 자연 장벽인 히말라야산맥과 티베트고원이 적도에 형성되어 있던 열대 수렴대를 가로막아 발생합니다.

열대 수렴대는 태양과 수직으로 놓여 연중 뜨거운 에너지를 집중적으로 받는 지역인데요. 자전축이 기울어진 상태로 태양의 주위를 도는 지구의 공전 덕에 그 위치는 위아래로 조금씩 틀어지게 됩니다. 그런데 인도 일대의 히말라야산맥은 해발 8,000m가 넘는 세계 최고봉들이 몰려 있습니다. 지구상에서 가장 해발고도

바다 위를 항해하고 있는 선원들의 모습

가 높은 곳이지요. 적도 수렴대는 이 히말라야산맥의 문턱을 넘어서지 못하고 바로 그 앞쪽에서 에너지를 모두 쏟아내고 맙니다. 이동해야 할 에너지의 양이 많은데 더는 갈 곳이 없어 그곳에 멈춰선 경우랄까요. 그래서 인도 일대의 몬순은 강력하답니다.

인도양을 지나는 요트 항해자라면 겨울에는 티베트고원 일대에서 남쪽으로, 여름에는 인도양에서 티베트고원을 향해 불어 가는 강력한 몬순을 기억해야 합니다. 1497년 항해를 시작해 1년 뒤인 1498년 마침내 인도에 도착해 대항해시대를 열었던 포르투

갈의 바스쿠 다 가마처럼요. 바스쿠 다 가마는 몬순의 패턴을 몰랐지만, 때를 잘 만나 아프리카의 희망봉을 지나 인도의 캘리컷에 도착할 수 있었습니다.

하지만 유럽으로 돌아가는 길에 상당한 고충을 겪고 말았습니다. 여름 몬순이 불어오는 방향을 향해 범선을 몰았기에 예상보다 훨씬 오랜 시간이 걸려 아프리카의 모가디슈에 도착했거든요. 만약 좀 더 인도에 머물면서 겨울 몬순을 이용했다면, 금방 아프리카에 도착했을 거리였지요. 몬순이 바람 항해자에게 색다른 변수로 작용한 까닭입니다. 요컨대 우리나라에서 출발해 인도양과 지중해를 지나는 루트를 택한다면 몬순에 관한 이해는 필수인 셈이지요.

세계 일주 꿈을 이룬 요티

요트로 세계 일주에 성공한 사람은 여럿 있지만, 한국인으로는 김승진 선장의 항해가 기념비적입니다. 그는 2014년 10월 19일 충청남도 당진의 왜목항을 출발해 2015년 5월 16일 209일 만에 왜목항으로 귀환했습니다. 그는 적도를 통과해 남태평양을 가로질러 남아메리카의 케이프 혼을 지났고, 다시 아프리카의 케이프타운을 거쳐 인도네시아의 순다해협과 동중국해를 지나 왜목항

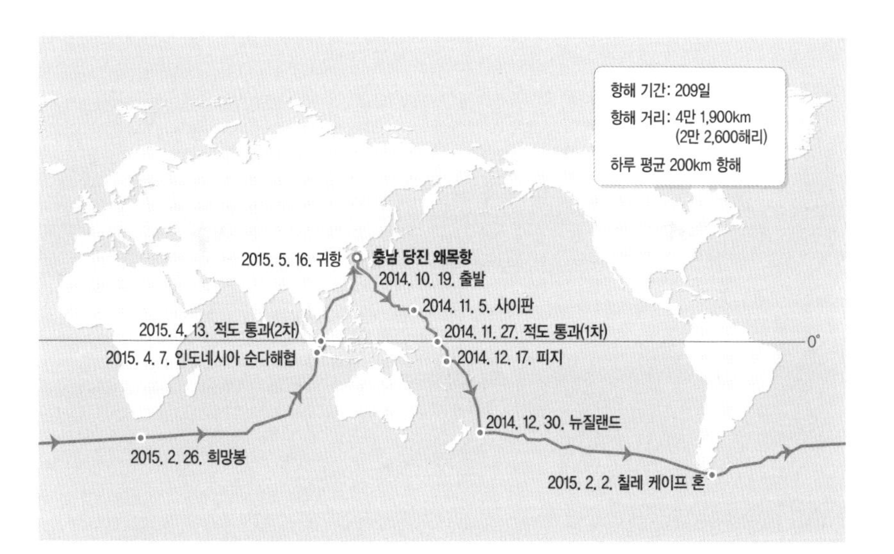

김승진 선장의 요트 항해도

에 도달했지요. 그의 여정에서 가장 인상적인 부분은 남아메리카의 케이프 혼에서 인도네시아의 순다해협까지 한 번에 이어지는 항해였어요.

남반구는 북반구보다 육지의 비중이 상당히 낮습니다. 그래서 남반구의 편서풍은 북반구보다 월등히 세지요. 특히 남아메리카에서 오스트레일리아에 이르는 구간은 온통 바다이기에 바람을 막아서는 육지가 없다 보니 편서풍의 힘이 매우 강력합니다. 이 구간을 위도로 잡아 보면 대략 남위 40~50도에 해당합니다. 그래

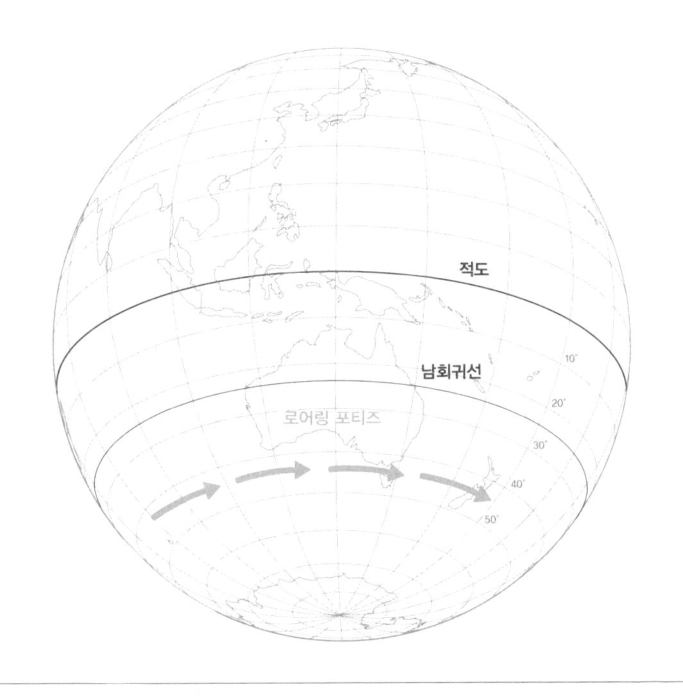

요티를 돕는 해상 고속도로, 로어링 포티즈

서 이 구간을 '로어링 포티즈(roaring forties)'라고 불러요. 험한 풍랑이 이는 남위 40~50도 해역이라는 뜻이지요.

로어링 포티즈를 항해에 제대로 활용한 이는 네덜란드 동인도 회사의 총독 헨드릭 브라우어르입니다. 1610년 출발한 항해에서 그는 아프리카의 희망봉을 지나 인도로 향하지 않고, 편서풍이 이끄는 방향으로 그대로 질주했습니다. 일종의 모험수였지만, 바람이 생각보다 강하고 일정해 큰 힘을 들이지 않고 동남아시아에 닿을 수 있었지요.

이 루트는 기존 바닷길을 6일 정도 앞당기는 해상 고속도로와 같은 역할을 했습니다. 나아가 당시 동인도 제도로 가는 길목 요충지를 믈라카해협에서 순다해협으로 바꾸는 결정적 계기가 되었지요. 김승진 선장이 순다해협을 통해 귀국할 수 있었던 것은 이러한 지리적 조건이 맞물린 결과입니다.

대문호 어니스트 헤밍웨이는 쿠바의 작은 어촌 코히마르에서 《노인과 바다》를 썼습니다. 평소 낚시를 즐겼던 헤밍웨이가 탔던 돛단배는 세일링 요트와 항해의 원리가 같습니다. 돛을 단 고깃배에서 꿈에 그리던 청새치를 잡는 노인의 마음은 무동력 보트에 오른 호기 어린 요티의 그것과 닮았지요. 세일링 요티의 도전은 결국 바람에 대한 이해로부터 시작됩니다.

래프팅

RAFTING

급류 타기, 지구의 움직임이 선사한 스릴

TV 예능 프로그램에서 '족장'이라는 애칭으로 불렸던 개그맨 김병만 씨. 그는 오지 탐험 베테랑입니다. 본업이 개그맨이라지만, 그의 생존 능력은 타의 추종을 불허하지요. 맨손으로 키 큰 야자수에 오르는 것은 기본이요, 식량이 있는 곳이라면 바다로 산으로 종횡무진 누볐습니다. 그의 출중한 생존 능력 중에서도 단연 최고를 꼽으라면 뗏목 제작 능력입니다. 그는 기다란 대나무를 가로세로로 이어 뚝딱 뗏목을 만들어 냈지요.

멋들어진 뗏목을 보고 있노라면 그 옛날 남태평양에서 삶터를 일군 원시 인류의 여정이 떠오릅니다. 뗏목에 올라 긴 노를 저어 항해를 시작하는 마음은, 어찌 보면 삼삼오오 보트에 올라 기대에 찬 눈빛으로 급류를 바라보는 래프팅 족의 마음과 닮은 듯합니다. 래프팅은 무동력 보트에 올라 합심하여 노를 젓는 행위가 따르기에 오래전 인류의 항해와 여러모로 닮았지요.

그렇다면 '제대로 된' 래프팅을 즐기려면 어디로 가야 할까요? 급류가 잘 만들어지는 곳, 그곳이 바로 래프팅 명소입니다.

산지 하천에서 즐기는 래프팅

우리나라 래프팅 명소 대부분은 산지 하천의 주변에 있습니다. 산지 하천은 산지 사이를 흐르는 강을 일컫지요. 우리나라는 전 국토의 70%가 산지라서 산지 하천이 많습니다. 그런데 지도를 살펴보면 래프팅을 즐길 수 있는 곳이 의외로 제한적입니다. 사방에 널린 게 산인데, 어째서 래프팅의 명소는 제한되는 걸까요? 이를 알기 위해선 산지 하천의 형성 과정을 이해해야 합니다.

산지 하천의 형성은 한반도 주변의 다양한 힘의 상호작용과 관련이 있습니다. 한반도는 지구 내부 에너지의 각축장인 판의 경계에서 한 걸음 물러나 있어요. 그래서 판의 경계와 가까운 일본에 비해 화산과 지진의 크기와 빈도가 현저히 낮지요.

하지만 2016년 경주 지진에서 보듯, 한반도는 지진 안전 지대가 아닙니다. 강력하지는 않지만 여러 방향의 힘을 직간접적으로 받고 있거든요. 그 힘은 크게 보아 태평양판이 북서 방향으로 미는 힘과 동해 지각이 형성되는 과정에서 한반도의 동부 지역을 미는 힘으로 나뉩니다. 두 방향의 힘은 때를 달리하며 한반도에 영향을 주었어요. 옥신각신 두 힘의 장단 속에 다양한 방향의 힘을 받은 한반도에는 여러 방향의 흔적이 곳곳에 남았지요.

한반도는 시·원생대에 형성된 암석의 비중이 가장 클 정도로

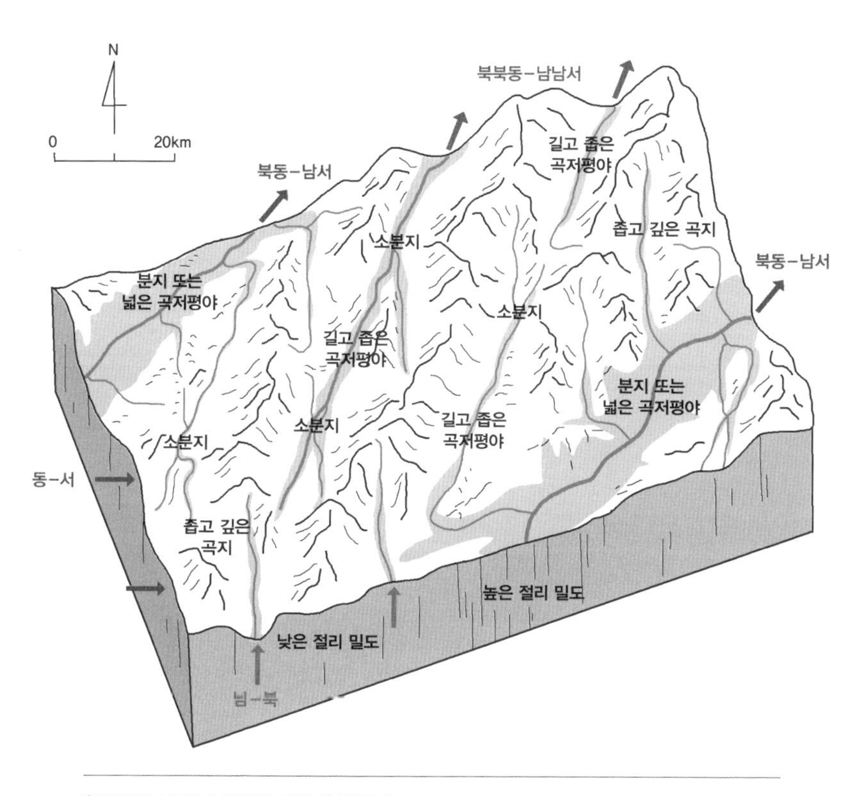

한반도에 나타난 다양한 방향의 구조선

오래되었습니다. 그래서 안정한 땅덩어리라는 뜻에서 '안정지괴'라고 불려요. 안정지괴에 다양한 방향의 힘이 가해지면 지층이 휘기보다는 끊어지는 경향성이 있습니다. 방앗간에서 갓 뽑은 가래떡보다 식어 버린 가래떡이 더 단단한 것과 같은 이치이지요. 그래서 한반도의 산지 사이마다 갈라지고 쪼개진 흔적이 여럿 남았습니다.

그렇다면 이런 상상이 가능하겠네요. 대나무를 가로세로로 엮어 뗏목을 만들 듯, 가로세로로 복잡한 형태로 갈라진 자리에 물이 흘러 복잡한 물길이 만들어지는 상상 말이에요. 한반도의 산지 하천은 대부분 이런 질서에 따라 만들어졌습니다. 이들이 낸 날카롭고 좁은 틈에 유도되어 산 사이를 마치 뱀처럼 굽이쳐 흐르는 물길은 래프팅 명소로 거듭나지요. 북한강 상류의 내린천과 남한강 상류의 동강 그리고 금강 상류의 무주와 경호강 상류의 산청이 '래프팅 족'에게 사랑받는 까닭이기도 합니다.

남다른 협곡에서 즐기는 래프팅

잠베지강은 아프리카의 래프팅 명소입니다. 앙골라와 잠비아 일대에서 발원한 잠베지강은 여러 나라를 거쳐 인도양으로 흘러드는 국제하천◆으로, 길이가 2,735km에 달합니다. 남아프리카에서 가장 길지요. 길고 긴 잠베지강 중에서도 최고의 래프팅 경험을 선사하는 곳은 빅토리아폭포와 가까운 협곡 구간이에요. 빅토

◆ **국제하천** 국가 간의 국경을 이루거나 여러 나라의 영토를 거쳐 흐르는 하천. 1921년에 체결한 국제 조약에 따라 다른 나라의 선박이 자유로이 항해할 수 있는 하천으로, 다뉴브(도나우)강, 라인강 등이 있다.

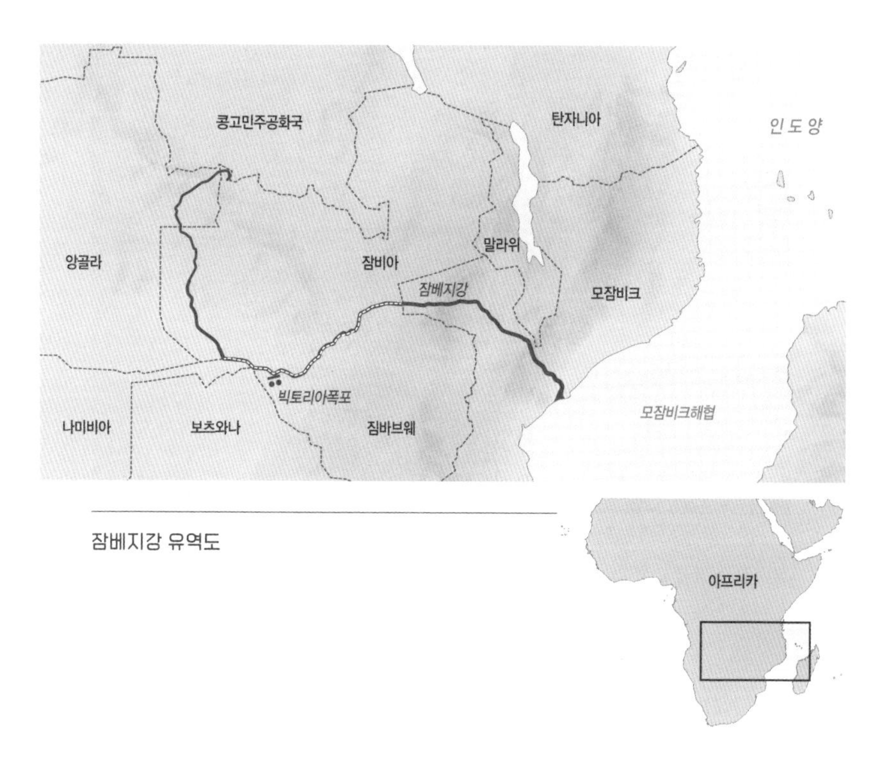

잠베지강 유역도

리아폭포는 세계에서 세 손가락에 들어갈 정도로 큰 크기와 많은 유량을 자랑하지요. 이런 '남다른 협곡'에서 래프팅을 즐긴다는 상상을 해 보는 것만으로 기대감이 생깁니다. 흥미로운 점은 이 상상이 지리적 사고의 과정을 거칠 때, '이유 있는 기대감'이 된다는 사실입니다.

잠베지강에서의 래프팅을 이해하려면 먼저 빅토리아폭포의

잠베지강 협곡의 전경

형성 과정을 살펴보아야 해요. 빅토리아폭포는 지구상의 대륙이 하나의 몸을 이루었던 초대륙 판게아에서 시작했습니다. 약 1억 8,000만 년 전, 지금의 잠베지강에 해당하는 지역에 거대한 용암이 분출했습니다. 유동성이 큰 현무암질 용암은 비교적 넓고 평탄한 대지를 만들었고, 본격적으로 대륙이 분리되면서 지금의 아프리카 대륙이 자리 잡았지요. 그 과정에서 갈라진 틈에 흘러든 물길이 잠베지강의 시초랍니다.

오랜 시간이 흐르면서 짐바브웨 일대의 땅이 서서히 솟아오르면서 물길을 막아섰고, 이윽고 거대한 호수가 형성되면서 점토와

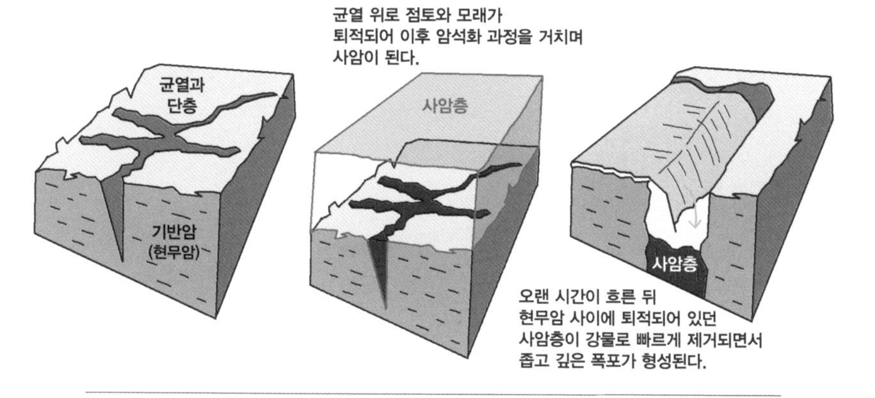

빅토리아폭포의 형성 과정

모래가 현무암 골짜기를 메워 갔습니다. 골짜기를 메운 물질은 훗날 암석화 과정을 거쳐 사암층을 이루었지요. 이후 갈라진 틈새로 잠베지강이 유도되어 차츰 사암층을 깎아 좁은 협곡을 만들어 오늘에 이른 것입니다.

이렇게 만들어진 지층의 모양은 마치 초코와 바닐라 맛 아이스크림을 한 통에 섞어 놓은 것처럼 아슬아슬한 경계를 이룹니다. 그사이에 유도된 잠베지강은 둘 중 바닐라 맛, 다시 말해 좀 더 연약한 사암층을 차별적으로 깎아내면서 지금의 빅토리아폭포를 만들었어요. 나아가 잠베지강의 수원지는 열대우림기후에 속합니다. 연중 꾸준히 물을 공급할 수 있는 기후 조건이어서 잠베지강은 마를 날이 없지요. 열대기후는 잠베지강이 더욱 좁고 날카로운 협곡을 만드는 감초 역할을 톡톡히 했습니다. 잠베지강 래프팅은 이렇듯 날카로운 빅토리아폭포 앞에서부터 시작한답니다.

래프팅 보트에 올라 여정을 나서면 여러 차례 날카롭게 굽이치는 협곡을 만나게 됩니다. 이 협곡들은 빅토리아폭포가 시간이 지나면서 뒤로 후퇴하는 과정에서 남긴 과거의 폭포 자리이지요. 넓고 깊은 골짜기 하나하나가 모두 폭포가 머물렀던 자리랍니다. 깊은 상처는 오랜 시간이 흐르면 아물게 마련이지만, 잠베지강은 이를 허락하지 않습니다. 연중 쉬지 않고 물이 흐르는 환경이기 때문입니다.

'남다른 협곡'을 가득 채운 '남다른 유량'에서 즐기는 잠베지강 래프팅을 경험한다면 '남다른 기억'으로 남을 것입니다. 한 차원 높은 급류 타기는 이처럼 오래된 지구의 움직임과 아스라이 맞닿아 있습니다.

털리, 한탄강 래프팅의 지리적 포인트

세계지도를 꺼내 잠베지강에서 정동 쪽으로 향하면, 또 다른 래프팅 명소인 오스트레일리아의 털리강에 닿게 됩니다. 털리강 일대는 용암의 분출로 만들어진 현무암이 주된 기반암이지요. 털리강은 현무암 사이사이로 좁은 협곡과 낙차 큰 물길을 만들었습니다.

잠베지강과 털리강의 위도와 적도 수렴대의 영향권

래프팅을 즐기면서 마주하는 절벽에서는 용암이 급격히 식으면서 엿가락 모양으로 갈라진 주상절리를 관찰할 수 있습니다. 주상절리 사이로는 멋들어진 폭포를 마주할 수 있는데, 이는 비가 많이 오는 시기에 현무암 틈새로 물이 넘쳐 일시적으로 생기는 자연현상이에요. 그도 그럴 것이 털리강 일대는 오스트레일리아에서 비가 가장 많이 오는 곳으로, 연평균 강수량이 우리나라의 세 배나 됩니다.

이쯤에서 다시 열대우림기후의 든든한 지원을 받는 잠베지강과 털리강의 위도가 비슷하다는 것에 주목해 봅시다. 그러면 털리강 역시 열대기후가 선물한 풍부한 물을 지원받을 것이라는 짐작이 가능하지요. 두 지역은 여름철 많은 비를 몰고 다니는 적도 수렴대를 맞아 집중적으로 비가 내리는 공통점이 있습니다.

한탄강 협곡의 래프팅

우리나라에도 털리강의 래프팅과 비슷한 느낌을 연출하는 곳이 있답니다. 바로 한탄강입니다. 한탄강은 신생대 용암의 분출로 만들어진 현무암 용암대지를 파고들며 협곡을 만들었습니다. 그래서 좁고 깊지요. 한탄강 래프팅은 산지 하천에서는 구경하기 힘든 화산 지형을 보는 맛이 일품인 코스예요. 용암이 식으면서 만든 주상절리는 물론, 한창 비가 내릴 땐 협곡 사이로 떨어지는 폭포도 감상할 수 있습니다. 털리강과 한탄강에서의 래프팅은 규모나 유량 면에서 차이가 있지만, 지리적으로 현무암 협곡을 이용한 '인간의 유희'라는 공통점이 있네요.

급류 타기를 위한 필수 조건은 바로 물

보트를 띄워 상류에서 하류로 이동하는 래프팅은 이론적으로 물길이 있는 곳이면 어디서든 가능합니다. 하지만 유량이 풍부한 급류가 흐르는 곳이 대중에게 사랑을 받지요. 그런 면에서 세계에서 손꼽히는 래프팅 명소는 강수량이 풍부한 열대 또는 온대 몬순 지역에 집중되어 있습니다.

제대로 된 래프팅을 위한 핵심 요소인 협곡과 물, 이 중에서 더 중요한 것은 단연코 물입니다. 풍부하고 빠른 물살은 무동력 보트의 핵심 동력원이니까요. 세계적으로 강수량이 풍부한 열대 및 온대 계절풍 기후 지역의 어지간한 협곡에서라면 스릴 가득한 래프팅을 즐길 수 있습니다. 앞서 살펴본 아프리카의 잠베지강, 오스트레일리아의 털리강은 이 조건들을 충분히 만족하는 곳이지요.

남아메리카 콜롬비아의 산 힐도 이름값이 상당한데, 이곳 역시 좁은 협곡을 열대 기후의 풍부한 물이 뒷받침하는 곳입니다. 우리나라는 온대 계절풍 지역에 속해 여름 한철 풍부한 유량이 충족되는 시기에만 래프팅을 즐길 수 있지요. 1등급 급류는 아무 곳에서나 만날 수 없기에, 산 힐처럼 사시사철 유량이 풍부한 급류가 흐르는 곳은 래프팅 성지가 되어 그 존재감을 뽐냅니다. 열혈

잠베지강 유역에 조성된 카리바댐

'래프팅 족'이 적지 않은 비용을 지불하고 이곳을 찾는 데는, 이러한 지리적 밑그림이 직간접적으로 개입한 결과라고 할 수 있지요.

마지막으로 풍부한 유량이 뒷받침되는 협곡에서는 수력 발전도 생각해 볼 수 있습니다. 좁은 물길을 막아 인공호를 만들면 주변 지역에 식수 및 농업용수를 공급할 수 있지요. 그래서 잠베지강 유역에는 카리바댐으로 물길을 막아 세계 최대의 인공 호수 카리바호가 만들어졌습니다. 카리바호의 물은 전력 생산은 물론

각종 용수 공급에도 쓰이고 있어요. 오스트레일리아의 털리강 유역과 콜롬비아의 산 힐 역시 수력 발전을 통해 여러 가지 이점을 취하고 있습니다. 많은 양의 민물을 그냥 바다로 흘려 보내기 아까워 재생에너지로 활용한 사례이지요. 북한강 수계의 소양강댐과 내린천, 남한강 수계의 충주댐과 동강은 그런 면에서 공간적 대구를 이루는 지리적 데칼코마니입니다.

조정

ROWING

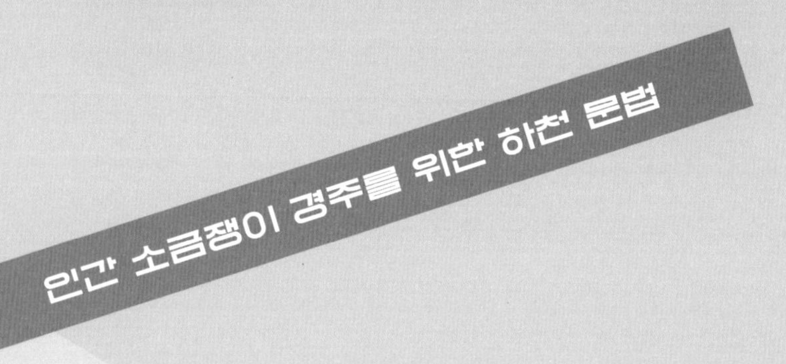

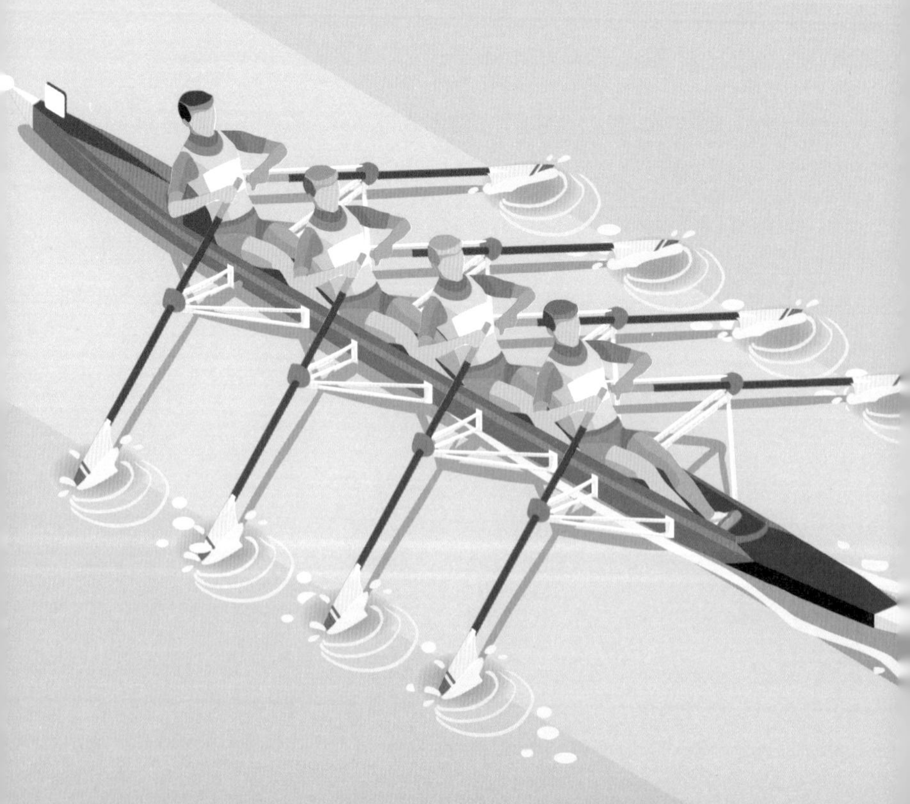

깊은 산속 옹달샘을 가만히 들여다보면 때때로 소금쟁이를 만날 수 있습니다. 소금쟁이는 가늘고 긴 다리로 물 위를 마치 스케이트 타듯 자유롭게 오가는 것은 물론, 성큼성큼 걷거나 점프하는 모습도 볼 수 있어요.

소금쟁이가 물 위에서 보여 주는 초능력은 물과 섞이지 않는 털이 온몸을 감싸고 있어서 가능한 일입니다. 소금쟁이처럼 물 위를 자유롭게 거니는 능력이 있다면 어떨까요? 역학상 우리 인간은 물 위를 걷는 게 불가능하지만, 유영은 할 수 있습니다. 가볍고 긴 배를 특수 제작해 소금쟁이의 몸을 대체하고, 가늘고 긴 노로 긴 다리를 대신하는 것이지요. 그러곤 가운뎃다리로 물 위를 젓는 소금쟁이처럼 힘차게 노를 젓고, 뒷다리로 방향을 잡는 소금쟁이처럼 누군가는 배의 방향타를 잡고 방향을 조정하면 됩니다.

그렇습니다. 조정(漕艇), 다시 말해 보트 레이스(Boat race)를 해 보자는 거예요. 조정을 배우면 삼삼오오 합심하여 물 위를 떠다닐 수 있습니다. 그래서 하늘에서 본 조정 경기의 모습은 인간 소금쟁이의 경주를 떠올리게 합니다.

알고 싶다, 조정

배를 저어 물 위를 가르는 행위는 인류가 뗏목을 활용해 물을 건너던 행위에서 출발했습니다. 그래서 조정의 원류를 파고들면, 선사시대로 거슬러 오를지 모릅니다. 하지만 근대 조정 경기라면 18세기 영국이 뿌리이지요. 구체적인 배경은 템스강입니다.

템스강은 수도 런던을 관통하는 큰 하천이에요. 유유히 흐르는 템스강 주변에는 의사당과 시계탑 빅벤, 타워 브리지 등 영국을 대표하는 랜드마크가 즐비하지요. 강렬한 인상을 풍기는 이 역사적 건축들은, 영국에서 차지하는 템스강의 위상을 한눈에 보여 줍니다. 이런 템스강의 전경을 더욱 아름답게 해 주는 것은 강에서 노니는 사람들입니다.

템스강에서는 수상 레저를 즐기는 사람을 쉽게 볼 수 있습니다. 그도 그럴 것이 템스강은 오래전부터 뱃사공이 누비던 공간이었으니까요. 뱃사공의 보트는 다리가 놓이기 전엔 다리를 대신했고, 다리가 놓인 후에도 단거리 교통수단으로 기능했습니다. 뱃사공은 움직이는 만큼 삯을 챙길 수 있어서 더 빨리, 더 많은 사람을 실어 나르고자 했지요. 근대 조정 경기는 이렇듯 템스강 수상 교통의 꼴이 갖추어지는 과정에서 자연스럽게 시작되었고, 이내 국왕 조지 1세의 즉위를 기념하는 행사에 활용되면서 활짝 꽃

2019년 조정 경기에서 여자부와 남자부 모두 케임브리지 대학교가 옥스퍼드 대학교를 상대로 승리했다. 코로나의 여파로 2020년 경기는 취소되었다.

을 피웠습니다.

템스강 조정 하면 빼놓을 수 없는 것이 옥스퍼드와 케임브리지 대학교의 보트 레이스입니다. 남성 경기는 1829년, 여성 경기는 1927년에 신설되었지요. 두 학교의 조정 경기는 매년 봄에 많은 관중을 불러 모으는 대규모 이벤트랍니다. 조정 경기를 치르는 배는 남자부 기준 약 6km 거리를 20분 내로 주파하는 놀라운 속도를 자랑합니다. 엎치락뒤치락하며 질주하던 두 팀은 치스윅 다리에서 승부의 마침표를 찍고 서로를 격려하며, 내년에 있을 명승부를 다짐하지요.

너라서 가능했다! 서안해양성기후

템스강에서 조정이 만개할 수 있었던 지리적 배경을 추적하다 보면, 어느새 서안해양성기후와 만납니다. 서안해양성기후란 대륙 서쪽의 해안에 나타나는 해양성 기후를 뜻합니다. 유라시아 대륙의 서쪽 해안이라는 뜻에서 '서안'이라고 부르지요. 좀 더 구체적으로는, 중위도의 대륙 서쪽 해안이 연중 바다의 영향을 많이 받는 기후입니다.

하지만 어느 대륙인지는 크게 상관없어요. 위의 조건을 만족하는 곳이라면 대체로 서안해양성기후가 나타납니다. 서안해양성기후의 가장 큰 특징은 연중 기온과 강수량이 비교적 일정하다는 거예요. 서안해양성기후의 영향을 받는 지역은 우리나라의 여름처럼 기온이 높거나 비가 억수같이 쏟아지지 않지요. 그 까닭을 찾기 위한 핵심 키워드는 편서풍입니다.

서안해양성기후가 뚜렷하게 나타나는 남·북위 40~60도 지역은 대기 대순환 측면에서 연중 편서풍의 영향을 받습니다. 편서풍은 1년 내내 바람의 방향이 바뀌지 않는 항상풍, 다시 말해 일정하고 곧은 바람이지요. 그래서 대륙의 서쪽 해안은 1년 내내 바다를 거쳐 온 습윤한 편서풍을 맞이합니다. 서안해양성기후 지역이 비구름이 잘 발달해 연중 흐린 날이 많은 이유입니다. 짬을 내

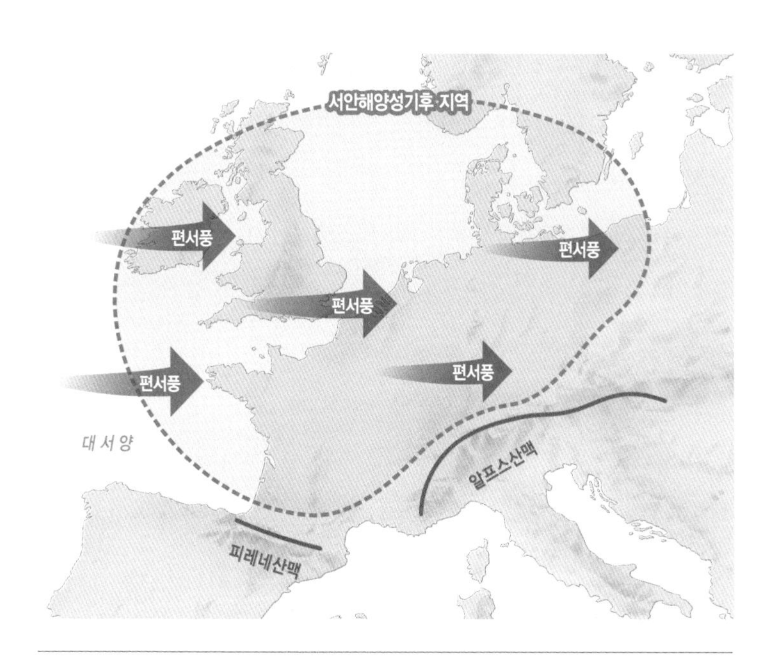

유럽 서안해양성기후 모식도

구글 스트리트뷰로 영국 각지의 하늘을 살펴보세요. 영국 전역 어느 곳을 찍어 봐도 흐린 하늘이 많은 것은 서안해양성기후 때문이에요.

조정의 효시인 템스강은 연중 강수량이 고른 덕에 수위가 안정적입니다. 템스강처럼 수위가 안정적인 하천은 지형학의 관점에서 하상계수가 작다고 표현해요. 하상계수란 하천을 흐르는 물의 최대 유량과 최소 유량의 비율을 계산한 값입니다. 그 값이 1에 가까울수록 유량의 변화가 적음을 뜻하지요.

그렇다면 템스강의 하상계수는 얼마일까요? 약 8입니다. 세계적으로 볼 때 극히 낮은 수치입니다. 일본의 대정천은 약 110, 우리나라의 섬진강은 무려 390에 달하거든요. 이렇게 보니 템스강 일대에서 어떻게 수상 교통이 체계적으로 발달할 수 있었는지, 조정 경기가 안정적으로 열릴 수 있었는지 이해되지요?

조정은 제1회 아테네 올림픽에서부터 올림픽 정식 종목이었습니다. 지금도 하계올림픽에서 걸린 메달 수가 많아, 많은 나라가 관심을 둔 스포츠이기도 하지요. 조정 선도국이라 불리는 영국, 독일, 네덜란드는 모두 서안해양성기후 지역입니다. 하상계수가 낮은 덕에 국토 곳곳에서 안정적으로 조정을 즐길 수 있으니, 그만큼 잘하게 되는 이치랄까요? 조정의 강국으로 떠오른 미국과 오스트레일리아도 넓은 국토의 일정 공간에선 조정을 즐길 수 있는 서안해양성기후가 나타납니다. 이쯤 되면 조정과 서안해양성기후는 지리적으로 궁합이 제법 잘 맞는다고 할 수 있겠네요.

불리함을 극복한 한국의 조정

우리나라의 하천 대부분은 하상계수가 매우 큽니다. 그래서 연중 안정적으로 조정을 즐기기란 현실적으로 불가능에 가깝지요.

국내외 주요 하천의 하상계수

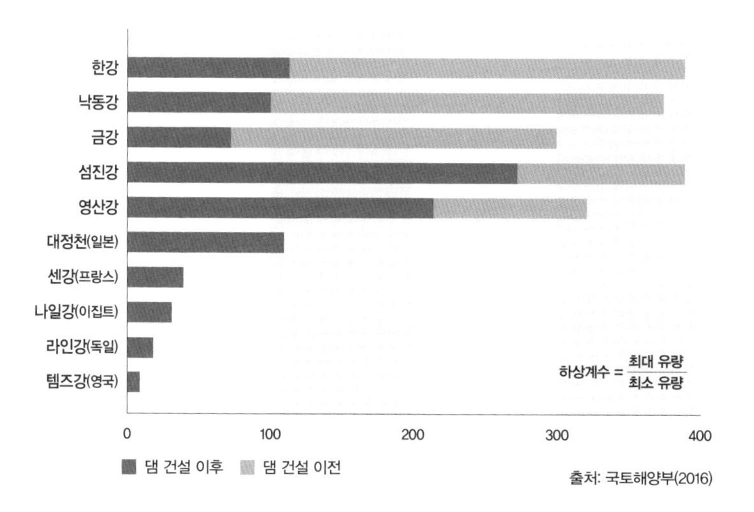

출처: 국토해양부(2016)

하지만 우리나라의 조정 인구는 꾸준히 늘고 있고, 대학 동아리도 갈수록 증가하는 추세입니다. 우리나라는 서안해양성기후 지역에서처럼 안정적인 유량을 가진 하천이 없지만, 조정을 즐길 수 있습니다. 주요 하천 중·상류 또는 하구에 조성된 인공 호수 덕분이에요.

우리나라의 하천은 하상계수가 큰 탓에 안정적인 유량에 대한 바람이 컸습니다. 산업화 이후 인구가 날로 늘고 체계적으로 식량 작물을 재배하게 되면서, 물 확보가 시급한 과제였지요. 이를 위해 하천의 상류 지역엔 용수 확보와 전기 생산이라는 명목으로 댐을 쌓고, 하류 지역엔 하굿둑◆을 건설했어요. 댐이나 하굿둑으로 막힌 공간은 인공 호수로 탈바꿈되었습니다.

이렇게 조성된 인공 호수는 조정 훈련장 및 대회지로 이용되었어요. 북한강 상류의 화천호, 남한강 중류의 탄금호, 금강 상류의 장성호와 금강 하굿둑, 낙동강 하굿둑 등은 손꼽히는 조정 대회지입니다. 이들은 높은 하상계수의 불리함을 극복하려는 과정에서 탄생한 인공 호수라는 공통점이 있지요.

한 가지 흥미로운 사실은 1986 아시안게임과 1988 서울올림픽이 댐이나 하굿둑과는 관련이 없는 미사리 조정 경기장에서 치러졌다는 점입니다. 하지만 미사리 조정 경기장 역시 넓은 의미에서 인공 호수예요. 이 경기장이 위치한 곳은 한강 하류의 범람원에 해당하는 자리입니다. 여름철이면 으레 물에 잠기던 이곳은 인공 제방을 쌓아 사람이 이용할 수 있는 공간이 되었고, 잠실 올림픽 주 경기장과의 접근성을 고려해 조정 경기장으로 낙점되었지요. 조정 경기장을 채운 막대한 양의 물은 지척의 한강에서 끌어옵니다. 조정 경기를 위해선 안정적인 유량 확보가 중요함을 엿볼 수 있는 대목이지요?

◆ **하굿둑** 바닷물이 침입하는 것을 막기 위해 강어귀 부근에 쌓은 댐. 뱃길이나 용수를 위해 필요한 수위를 유지해 주며, 수산 자원을 보호하는 기능을 한다.

미사리 조정 경기장과 주변 지형

유량을 안정적으로 확보하는 일은 비단 조정에만 국한되지 않습니다. 서울시는 1986 아시안게임과 1988 서울올림픽을 위해 한강에 수중보를 놓았습니다. 수중보는 물 아래 살짝 잠겨 있어 물의 흐름을 더디게 만들어 수위를 안정시키는 기능을 합니다. 잠실대교와 행주대교 아래에 놓인 한강 수중보는 효용이 커요. 두 수중보 사이의 구간에선 한강 유람선과 수중 택시가 다닐 수 있고, 요트와 수상스키 등 다양한 수변 레저 활동이 가능합니다. 같은 이유로 한강의 대표적인 물놀이 오리배를 이 구간에서 만날 수 있지요.

좀 더 알고 싶다, 조정

조정과 카누와 카약은 어떻게 다를까요? 제법 익숙한 이름들이지만, 막상 차이점을 말하라면 난감할 거예요. 모두 작은 배를 타고 노를 저어 이동하는 수단이라는 공통점이 있지만, 차이점도 적지 않습니다. 이들의 관계를 범주화하자면, 조정과 카누, 카약으로 구분할 수 있어요. 조금 더 자세히 알아볼까요?

조정이 카누, 카약과 다른 가장 큰 차이점은 노를 젓는 방향이에요. 조정이 노를 저어 나아가는 방향은 사람이 바라보는 방향과 반대여서, 반드시 '콕스(Cox)'라 불리는 안내자가 필요합니다. 콕스가 방향을 잡는 역할을 하지요. 하지만 카누와 카약은 앞을 보고 노를 저어 나아갑니다.

게다가 앉는 좌석도 다릅니다. 조정은 시트에 바퀴가 달려 있어 전신을 활용해 노를 힘차게 저을 수 있지만, 카누와 카약은 좌석이 고정되어 있어요. 조정의 노는 배에 고정되어 있지만, 카누와 카약은 그렇지 않다는 점도 흥미롭습니다. 이상을 종합하면 조정이 장거리를 보다 빠르게 이동하도록 특화된 배임을 알 수 있지요.

카누와 카약은 배의 크기와 노의 모양이 조금 다를 뿐, 본질은 같아요. 통나무를 가공해 만든 카누는 물 위를 이동하는 수단이었습니다. 나무를 이용해 물을 건너는 행위는 어느 곳에서나 필요한 일이었기에, 자연환경에 따라 재료와 모습이 조금씩 달랐지요. 이러한 흐름 속에 북아메리카 원주민이 제작한 배가 카누, 그린란드의 에스키모족이 동물 뼈와 가죽으로 제작한 배가 카약의 시초입니다.

카누와 카약은 여러 면에서 비슷하지만, 차이점의 핵심은 노의 날과 덮개예요. 카누가 외날이라면 카약은 양날이지요. 그래서 양날의 카약이 외날의 카누보다 조종이 쉽습니다. 카누는 배의 윗부분이 열려 있지만, 카약은 배의 윗부분이 덮여 있기도 하고요. 카약이 급류 타기에 최적화된 이유입니다. 북아메리카 대륙에 위치한 미국에서 카누가 성장하고, 그린란드와 바다로 연결된 영국에서 카약이 성장한 것은 지리적으로 보면 매우 자연스러운 일입니다.

4.

섬도 숲도 도시도
결국은 연결되어 있다

마라톤
MARATHON

소설가 무라카미 하루키는 마라톤 애호가입니다. 하루키는 해외여행을 갈 때도 잊지 않고 마라톤화를 챙긴다고 하네요. 그는 마라톤 풀코스를 무려 스무 차례나 완주한 베테랑입니다. 학교 운동장을 몇 바퀴라도 뛰어 본 사람은 42.195km의 마라톤 풀코스 완주가 얼마나 힘든 일인지 잘 알 거예요.

어떤 면에서 작가의 삶은 마라토너와 닮았습니다. 아득히 먼 결승선을 향해 한 걸음씩 내딛는 마라토너처럼, 매일 일정 분량을 써야만 하는 고된 육체적 노동은 오롯이 작가의 몫이지요. 그런 면에서 하루키는 마라톤 풀코스를 완주하기 이전과 완주 이후의 삶이 완벽히 다르다고 이야기한 적도 있습니다.

그렇다면 하루키의 첫 번째 마라톤 완주 코스는 어디였을까요? 그는 마라톤의 기원지인 아테네를 택했습니다. 마라토너라면 그의 선택을 충분히 이해했을 법합니다. 마라토너에게 아테네는 이슬람교의 메카와 견줄 수 있는 곳이거든요. 혹시 마라톤 풀코스에 도전하고 싶다면 하루키의 여정을 눈여겨보세요. 마라톤 코스는 다양하고도 일정한 지리 문법에 따라 선정되는 경우가 많습니다.

마라톤의 요람, 아테네 올림픽

마라톤은 그리스와 페르시아의 마라톤 전투에서 기원합니다. 전령 페이디피데스는 페르시아군이 마라톤에 상륙한다는 소식을 전하기 위해 아테네를 향해 달렸지요. 페이디피데스가 마라톤 전투의 승전보를 전하고 숨을 거뒀다는 드라마틱한 속설도 있지만, 중요한 것은 그가 보통 사람이라면 상상하기 힘든 거리를 달렸다는 것입니다.

페이디피데스의 초장거리 달리기 정신은 1896년 제1회 아테네 올림픽을 통해 꽃을 피웠습니다. 올림픽은 마라톤 우승자가 결승 테이프를 끊음으로써 보름간의 대장정을 마무리합니다. 올림픽 스타디움을 가득 메운 수만 명의 군중은 극한의 레이스를 완주한 마라토너에게 아낌없는 박수를 보내지요. 카메라가 담아낸 선수들의 표정은 완주의 기쁨과 천형의 고통을 동시에 전하는 날 것 그대로의 인간 승리입니다.

아테네 올림픽은 페이디피데스의 흔적을 쫓은 최초의 근대 올림픽 마라톤 코스를 선보였습니다. 이 코스는 마라톤시의 평원을 지나 스타브로스 고개를 넘어 파나테나익 스타디움에 이르는 42.195km의 여정이에요. 이를 구간별로 나눠 보면 사뭇 흥미로운 지리 문법이 코스에 개입되었음을 알 수 있습니다. 어떤 면에서

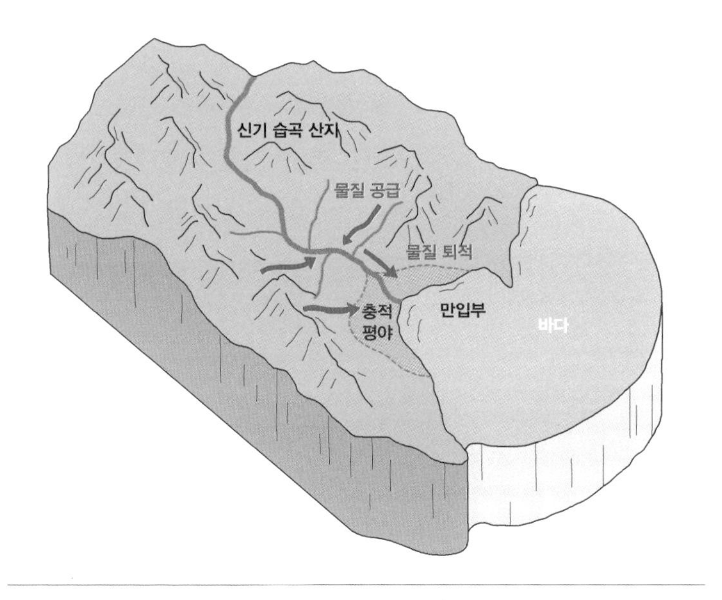

신기 습곡 산지 일대에서 충적 평야가 형성되는 과정

그럴까요?

아테네 올림픽 마라톤의 첫 10km 구간은 평탄한 '마라톤 평원' 입니다. 이는 주변의 신기 습곡 산지가 내준 공간이지요. 신기 습곡 산지 주변 지역에서는 급경사의 사면을 따라 물질 공급이 활발합니다. 오랜 시간 차곡차곡 쌓인 물질이 해안에 쏙 들어간 만입부◆에 쌓여 평평하고 넓은 평원을 만듭니다. 이러한 지형을 충

◆ **만입부** 강이나 바다의 물이 활등처럼 뭍으로 휘어드는 부분

적 평야라고 부릅니다.

신기 습곡 산지가 발달한 일본도 곳곳에 충적 평원이 발달했습니다. 도쿄, 오사카, 나고야 같은 일본의 대도시는 모두 이 같은 지형 조건에 얹힌 삶터이지요. 그래서 이 도시들의 랜드마크에 오르면 도시 전체를 한눈에 굽어볼 수 있어요. 마라토너는 선물과도 같은 평원을 달리는 동안 중·후반 레이스의 전략을 되새기며 체력을 안배할 수 있고요.

다시 아테네로 돌아와 봅시다. 10~30km까지의 구간은 꾸준한 오르막입니다. 경사진 언덕을 오르는 마라토너의 시야에는 어느새 아름다운 에게해가 들어오지요. 에게해는 기후변동이 내준 공간으로, 후빙기 해수면이 상승하면서 깊은 골짜기들이 물로 채워지면서 형성되었어요. 그래서 해안선이 복잡한 다도해를 이루지요. 이처럼 드나듦이 복잡한 해안을 리아스라고 부릅니다. 우리나라의 서·남해안에 펼쳐진 다도해도 리아스 해안이에요. 마라토너는 오감을 자극하는 푸른 바다를 보며 오르막의 피로를 잠시나마 잊을지도 모르겠네요.

하지만 곳에 따라 가파른 오르막이 있어 몇몇 마라토너는 완주를 포기하기도 합니다. 그만큼 육체적으로 고된 구간이거든요. 그래도 인내에 인내를 거듭해 고갯마루에 오를 가치는 충분합니다. 아테네와 에게해가 파노라마처럼 펼쳐지는 장관을 굽어볼 수 있

마라톤 평원 전경

기 때문입니다.

이처럼 높은 산지 사이사이에는 정상에 오르지 않아도 주변을 조망할 수 있는 경우가 많아요. 이러한 자리는 산줄기 내부의 갈라진 틈새가 에게해 판의 지구조 운동 과정에서 강한 암석, 약한 암석이 차별적으로 침식되면서 곳곳에 낮은 언덕으로 남은 곳입니다. 그래서 전체적으로 보면 낮은 고개의 연속이지만, 고갯마루에 오르면 제법 멋진 경관을 감상할 수 있습니다.

비 온 뒤에 땅이 굳고, 고생 끝에 낙이 온다는 말이 있지요? 마라톤의 마지막 여정도 그렇습니다. 고갯마루를 넘어 결승선까지의 구간은 내리막이에요. 자신의 한계에 도전하는 마라토너에게 극한의 기쁨을 선사하는 '러너스 하이(Runners High)'가 찾아오는 구간이기도 하지요. 올림픽 스타디움을 향하는 마라토너는 언덕 너머로 고대 그리스의 원형인 아크로폴리스를 만나고, 고대의 역사 공간을 통해 수천 년 전에 달렸던 페이디피데스의 마음을 읽겠지요. 그러곤 마침내 공간에 각인된 그의 발자국을 따라 긴 여정의 종지부를 찍습니다.

손기정의 금빛 레이스와 북유럽 평원

1936년 8월 9일, 베를린 올림픽 주 경기장 육상트랙에서 출발한 손기정 선수는 그루네발트 평원을 지나 하펠 강변을 따라 반환점을 향해 달렸습니다. 이 구간부터는 최고 80m에 달하는 구릉대를 연속적으로 지나야 하는 죽음의 코스! 반환점을 돈 손기정은 다시 구릉대를 필사적으로 통과해 하펠 강변을 따라 평원으로 접어들었지요. 그는 후반에 집중한 레이스 운영으로 가장 먼저 결승선을 통과할 수 있었습니다.

베를린 올림픽 마라톤 코스는 북유럽 평원에서 펼쳐졌어요. 이곳에는 높낮이가 완만한 언덕이 파노라마처럼 펼쳐져 있습니다. 독일의 지형 기복은 큰 시야에서 보면 알프스 산지와 접한 남부에서 북해와 접한 북부로 갈수록 고도가 낮아집니다. 이 중 100m 내외의 낮은 구릉대가 연속하여 발달하는 곳이 바로 북해와 가까운 북유럽 평원 지역이에요. 베를린 마라톤 코스는 바로 이와 같은 연속된 구릉 사이에서 펼쳐졌지요.

북유럽 평원은 지난 빙기 때 만들어진 빙하가 후퇴하면서 내준 공간으로, 빙력토 평원이라고 불립니다. 융성했던 빙하가 물러난 곳은 대부분 낮은 구릉지와 얕은 저지로 남지요. 베를린은 바로 그런 환경에서 토양층이 발달해 인간이 머물 수 있는 공간이 되었습니다. 이웃한 포츠담이나 브란덴부르크도 규모의 차이가 있을 뿐, 환경적 특징은 같지요.

해빙기를 맞아 곳곳에 고립된 빙하는 그 자리에 눌러앉아 녹는 과정에서 자신의 크기만 한 호수를 남기기도 합니다. 손기정 선수가 레이스를 펼친 하펠강이 호수처럼 보이는 것은 주변에 크고 작은 호수가 즐비해서지요.

정리하자면 손기정은 북유럽 평원 구릉대의 낮은 평원에서 출발해 빙하가 남긴 하펠강을 따라 구릉의 정점을 향해 달렸습니다. 이후 반환점을 돌아 역순으로 달려 결승선을 통과했지요. 손기정이 달린 레이스는 아테네 마라톤처럼 평원을 지나 언덕을 향하고 정점에서 내려오는 순서를 따르는 지리적 코스를 이용한 것이었습니다.

황영조의 금빛 레이스의 지리학

손기정 이후 56년 만인 1992년 8월 9일, 스페인의 바르셀로나 마타로를 출발한 황영조 선수는 올림픽선수촌을 지나 그라시아 거리를 달렸어요. 카탈루냐 광장을 지나 피카소 미술관을 끼고 돈 황영조는 35km 지점에서 몬주익 언덕을 넘어 첫 번째로 올림픽 스타디움에 들어섭니다. 황영조의 레이스는 일제강점기 손기정의 한을 푼 한국 마라톤 역사의 쾌거였습니다.

황영조의 레이스 코스에도 다양한 지리적 요소가 개입합니다. 그는 베소스 삼각주가 만든 평원을 지나 지중해를 따라 달린 뒤, 중생대 화강암 바위 언덕에 올라 결승선을 통과했지요. 아테네 마라톤처럼 평원에서 시작해 바다를 보며 몬주익 언덕을 올라 내리막으로 마무리하는 코스입니다.

여기서 지리적으로 재미있는 곳은 몬주익 언덕이에요. 몬주익 언덕은 해발고도가 200m 정도이지만 저지대 사이에 우뚝 솟아 도드라집니다. 우리나라로 치자면 목포의 유달산과 같은 곳이지요. 이곳에 오르면 바르셀로나 시가지와 지중해를 한눈에 조망할 수 있습니다.

지중해는 유라시아판과 아프리카판이 충돌하는 과정에서 만들어진 좁고 깊은 바다입니다. 신생대 아프리카판이 유라시아판으

몬주익 언덕에서 바라본 바르셀로나 시가지와 지중해

로 밀고 들어올 때 일대의 땅은 여러 갈래로 쪼개지거나 들어 올려졌습니다. 신생대에는 그 움직임이 더욱 활발했지요.

몬주익 언덕의 본래 모습은 퇴적층이었어요. 피레네산맥이 만들어질 때 함께 만들어진 해안 산맥에서 꾸준히 침식 물질이 공급되어 지금의 몬주익 언덕 일대에 차곡차곡 쌓였지요. 이후 퇴적지층이 지반의 융기를 통해 육지가 되었고, 그 과정에서 침식되고 남은 구릉이 바로 몬주익 언덕입니다. 우리나라로 보자면 태백산지의 물질이 쌓여 융기되는 과정에서 침식되고 남은 포항의 수도

산 일대가 비슷한 자리입니다. 몬주익 언덕은 고도가 높지는 않지만 외따로 떨어진 구릉으로 남은 덕에, 중세 시대 주변을 관장하는 요지이자 방어적 이점을 취할 수 있었지요.

황영조 선수는 신생대의 활발한 땅의 움직임 과정에서 만들어진 몬주익 언덕에 올라 올림픽의 마침표를 찍었습니다. 그는 강원도 출신이라 산악 코스는 누구보다 자신 있었다고 회고했었지요. 따지고 보면 강원도의 산악 지형 역시 신생대 지반 운동의 소산이니, '몬주익의 영웅' 탄생에 지리적 조건이 적잖이 영향을 준 셈이네요.

1988년 서울올림픽 마라톤 코스의 비밀

1960년 로마 올림픽부터 TV로 전 세계 위성중계가 가능해지면서, 올림픽 마라톤은 국가를 홍보할 수 있는 이상적인 매체가 되었습니다. 마라토너가 달리는 모습은 무려 2시간여 동안 생중계됩니다. 수십 대의 카메라는 기본이요, 항공 촬영까지 이어지는 마라톤 생중계는 올림픽 개최국의 발전상을 알릴 수 있는 절호의 기회지요. 1988년 서울올림픽의 마라톤 코스 역시 철저히 시청자의 입장에서 설계된 한 편의 드라마였어요.

그렇다면 서울올림픽 마라톤 코스는 지리적으로 어떤 특징을 가지고 있을까요? 코스 설계자의 관점에서라면 다음과 같이 재구성할 수 있습니다. '마라토너는 넓은 모래섬을 매립한 잠실에서 출발해 강남 개발의 상징인 테헤란로를 따라 빌딩 사이를 지난다. 이후 한강 종합 개발로 정비된 아름다운 강변에 접어들어, 질서정연하게 정비된 대규모의 아파트 단지를 만난다. 올림픽 대로를 따라 여의도에 접어든 마라토너는 아시아 최고층 마천루였던 63빌딩을 보고 한껏 오른 한국의 위상을 실감한다.'

이처럼 서울올림픽의 마라톤 코스는 잠실과 강남, 여의도와 한강 변을 중심으로 설계됐습니다. 이 중에서도 코스의 절반 이상을 차지하는 한강 변은 경제 개발 이후 서울시가 공들여 시설과 경관을 개선해 온 대표 지역이지요. 한강 변을 따라 시원하게 뻗은 대로와 대규모의 아파트 단지 그리고 깔끔하게 정비된 한강 공원은 이른바 '한강의 기적'을 알리기에 안성맞춤이었습니다.

마라토너는 지형 도화지 위에 인간이 그린 세트장을 달리며 자신과의 한판 승부를 벌입니다. 잘 짜인 마라톤 코스는 한 편의 '각본 있는' 드라마이지요. 소설가 하루키가 말한 '풀코스 완주 후 변화된 삶'이란, 결국 지리적으로 짜임새 있는 세트장에서 얻은 내적 성취인 셈입니다.

골프
GOLF

우리나라 환경 체질과 골프의 지리 궁합

한 번의 동작으로 공을 가장 멀리 보낼 수 있는 스포츠는 무엇일까요? 골프입니다. 홈런 타자들이 장외 홈런을 치더라도 그 거리는 150m 내외지만 어지간한 프로 골퍼는 300m 이상 공을 보낼 수 있습니다. 자그마한 공을 한참이나 멀리 떨어진 예측 지점에서 만날 수 있다는 사실은 골프의 색다른 묘미지요.

1998년 프로 골퍼 박세리가 한국인 최초로 세계 메이저 대회에서 우승하면서 한국에 골프 대중화의 붐이 일었고, 국내 골프 인구는 가파르게 증가하여 어느덧 수백만 명에 이르렀습니다. 사람들이 골프를 선호하는 데는 여러 이유가 있겠지만, 푸른 잔디밭에서 놀이와 여가를 즐길 수 있다는 점이 가장 큰 매력으로 꼽힙니다.

상황이 이렇다 보니 골프장도 빠르게 늘었고, 그만큼 적지 않은 숲이 잔디밭으로 탈바꿈했지요. 그렇다면 골프는 우리나라의 환경 체질과 궁합이 잘 맞는 스포츠일까요? 지리학의 눈으로 골프장을 자세히 살펴보면 그 답을 찾을 수 있을 것입니다.

한국 골프의 역사

골프는 골프채로 공을 쳐서 홀에 넣는 스포츠입니다. 몇 번의 터치로 작은 공을 작은 홀에 넣어야 해서 집중력과 손끝 감각이 무엇보다 중요한 운동이지요. 골프의 기원에 관해선 여러 의견이 있지만, 골프가 지금과 같은 모양새를 갖춘 것은 스코틀랜드에서였습니다. 1754년 스코틀랜드에서 설립된 골퍼 그룹을 시작으로 제대로 된 골프 규칙이 만들어졌고, 1919년에 이르러 역사적인 브리티시 오픈을 개최하게 되었지요.

한국에 처음으로 골프를 소개한 인물도 영국인이었습니다. 함경북도 원산의 세관 관리로 있던 영국인들이 자그마한 골프장을 마련해 놀이를 즐긴 것이 한국 골프의 시초입니다. 이후 일제강점기에 당시 조선 철도국에서 서울 효창공원에 최초의 9홀 코스를 만들었고, 청량리에 18홀 코스가 조성되는 와중에는 최초의 골프 클럽인 '경성골프구락부'가 설립되기에 이르렀지요. 전국 각지에 빠른 속도로 지역별 골프 클럽이 설립되었고, 이들을 관리하던 조선골프연맹은 각종 대회를 열어 골프의 성장을 뒷받침했습니다.

가파른 골프의 성장세는 제2차 세계대전에 따른 조선총독부의 정책 및 한국전쟁으로 몇 번의 부침을 겪었지만, 한국전쟁 후 군

1938년 조선총독부 철도국에서 발간한 도록《반도의 근영》에 실린 군자리 골프장. 일제는 순종의 부인 순명황후의 능을 골프장으로 만들었다.

자리 골프장이 자리매김하면서 골프의 중흥이 이루어졌습니다. 군자리 골프장은 서울의 도시 확장에 따라 어린이대공원으로 탈바꿈했지만, 한국 골프의 산실로 기억되는 공간입니다.

이후 골프 인구는 눈에 띄게 늘었습니다. 우리나라 골프장의 성장세가 어느 정도인지 알고 싶다면, 간단히 인터넷 지도를 살펴보면 됩니다. 면적 대비 가장 많은 골프장을 보유한 수도권이나 제주도를 보면 실감 날 거예요. 접근성이 중요하기에 주요 고속도로와 국도 주변을 두루 살피면 적은 노력으로 많은 골프장을

2019년 전세계 국가별 골프장 개수(순위는 코스 수 기준)

순위	국가	코스 수	홀 수	골프장 수
1	미국	16,752	248,787	14,640
2	일본	3,169	45,684	2,227
3	캐나다	2,633	36,591	2,265
4	영국	2,270	31,620	1,936
5	오스트레일리아	1,616	23,505	1,532
6	독일	1,050	14,100	736
7	프랑스	804	10,971	643
8	한국	798	9,183	440
9	스웨덴	662	9,303	471
10	중국	599	8,850	385

출처: R&A(영국왕립골프협회) 보고서

확인할 수 있습니다. 특히 경부고속도로가 지나는 용인 주변을 보면 골프장이 이렇게 많았는지 새삼 놀라게 되지요.

제주도의 사정도 마찬가지입니다. 전망이 좋은 한라산 중산간 지대의 경우 골프장이 큰 원을 그리듯 열 지어 들어서 있습니다. 접근성이 좋고 비교적 완만한 경사를 가진 곳은, 미래의 골프장 후보지라고 해도 지나치지 않을 정도로 확산세가 빠릅니다.

이러한 흐름은 골프장과 골프 코스 수를 통해서도 여실히 증명됩니다. 국내에 약 800개의 골프 코스와 400개를 훌쩍 넘긴 골프장이 있다고 하는데요, 이는 세계에서 열 손가락 안에 드는 수치이지요. 한국의 골프 인기가 그만큼 뜨겁다는 반증입니다.

골프장의 8할은 잔디

골프장 하면 잘 관리된 광활한 잔디밭이 가장 먼저 떠오릅니다. 잔디는 벼과에 속하는 여러해살이풀입니다. 우리가 흔히 보는 잔디는 밭으로 넓고 고르게 조성할 수 있는 종류이지요. 잔디는 전원주택의 앞마당, 각종 도시의 중앙공원, 유명 건축물의 정원을 채우는 역할을 주로 담당합니다. 기하학적 문양으로 다듬어진 베르사유궁의 잔디는 매혹적이기까지 하지요.

우리나라 골프장에서는 한지형(寒地型) 잔디를 주로 씁니다. 한지형 잔디는 추위에도 잘 견디는 편이에요. 한지형 잔디 중에서도 골프장에 심는 품종은 스코틀랜드에서 들여온 '벤트 그래스'입니다. 벤트 그래스는 넓고 고르게 번식해 녹색 양탄자를 깐 것처럼 아름다운 경관을 만들어 내지요.

다시 골프의 본고장인 스코틀랜드로 가 봅시다. 스코틀랜드는 전형적인 서안해양성기후 지역입니다. 서안해양성기후는 연중 습윤한 편서풍의 영향으로 습도 조건이 매우 안정적인 환경 특징을 지닌다는 것, 기억나지요? 연중 습윤하고 온화한 기후는 잔디의 생장에 최적의 조건입니다. 그래서 스코틀랜드 곳곳에는 초원

스코틀랜드 세인트앤드루스의 초원

이 넓게 펼쳐져 있어요.

우리나라는 스코틀랜드와 환경 조건이 다릅니다. 한반도는 계절풍 기후 지역이어서 계절별로 기후 차이가 심하지요. 잔디의 생육 조건이 열악한 겨울철은 서리와 스프링클러 동파 등에 대비한 시설 관리가 필수입니다. 한편 북태평양 기단의 영향권에 드는 여름철에는 시설 관리 차원을 넘어서는 골치 아픈 문제가 발생하는데요. 잔디와 더불어 이름 모를 풀이 우후죽순 자란다는 점입니다. 이는 우리나라의 온량지수가 높아서 나타나는 현상이에요.

온량지수는 식물이 자라는 데 일정 수준 이상의 에너지가 필요하다는 인식에서 고안된 개념입니다. 그래서 온량지수를 알면 식물 생장을 위한 최저 온도 5℃를 넘는 일수가 해당 월에서 어느 정도인지 알 수 있어요. 가령 여름철 시골길을 걷다 보면 빈집의 마당에 무성하게 자란 풀을 보거나, 봄철 모내기가 끝나면 농부들이 분주히 잡초를 제거하는 모습을 볼 수 있지요. 이는 모두 여름철 온량지수가 높아서 생기는 일입니다. 여름이면 아열대기후가 되다시피 하는 한반도의 기후, 바로 이 지점에서 한국 골프장의 생태적 문제점이 드러납니다.

늘 푸른 한국 골프장의 속살

한국 골프장의 핵심 문제는 숲의 파괴입니다. 골프장 건설은 숲을 잔디로 바꾸는 작업이라는 사실, 알고 있나요? 가령 18홀 골프장 하나를 만들려면 평균 30만 평의 숲이 사라집니다. 알다시피 숲에는 나무만 있는 게 아니지요. 토양 속 미생물과 다양한 동식물 및 곤충이 숲을 근거로 생명을 이어 갑니다. 숲이 사라질 때, 생태계를 이루는 다양한 생명체가 함께 사라집니다.

나아가 골프장을 조성하기 위해선 숲과 함께 흙도 덜어 내야 합니다. 약 50cm 안팎으로 흙을 걷어 내는 까닭은 스코틀랜드에서 들여온 벤트 그래스가 물에 취약하기 때문이에요. 보습 효과가 뛰어난 흙은 물에 취약한 벤트 그래스와 궁합이 맞지 않습니다. 그래서 골프장은 흙 대신 물의 배수가 빠른 모래나 인공 흙으로 덮는 거예요. 수백 년에 걸쳐 만들어진 생태계가 벤트 그래스라는 단일 종을 위해 희생되어야만 하는 역설은 골프장이 환경적으로 좋은 평가를 받을 수 없는 구조적 한계를 보여 줍니다.

골프장 운영자의 관점에서 잔디밭 사이사이로 고개를 내민 풀은, 농부가 마주한 이름 모를 풀과 같습니다. 그래서 골프장 운영자는 결국 제초제로 풀에 저항합니다. 해충이 많은 경우라면 별도로 살균제와 살충제도 첨가하지요. 이처럼 예민한 잔디를 가꾸기 위해 들여야 하는 노력은 상상 이상이에요.

혹여 가뭄이 들면 부족한 물을 조달하기 위해 지하수가 동원됩니다. 그렇다면 잔디를 위해 끌어올린 지하수에 제초제와 살충제 성분이 섞여 들어가지는 않을까요? 괜한 걱정이 아닙니다. 잔디는 습도에 예민해 주기적으로 목을 축여 주어야 합니다. 그 과정에서 화학 성분이 토양이나 지하수에 녹아드는 일은 불을 보듯 뻔하지요. 2019년 토양지하수정보시스템에서 실시한 검사에 따르면 골프장 539개소 중 443개소(82.19%)에서 잔디·수목용 농약이 검출되었다고 합니다. 지하수 고갈은 곧 막대한 담수 고갈로

이어지기도 하니, 한국에서의 골프는 꽤 많은 환경 비용을 치러야 하는 스포츠임이 분명합니다.

비교 지역의 이해, 골프 메이저 대회와 잔디

골프도 다른 종목과 마찬가지로 메이저 대회가 있습니다. 남자 메이저 대회로 US 오픈, 마스터스, PGA 챔피언십, 브리티시 오픈(디 오픈)이 있고요. 여자 메이저 대회는 총 5개로, ANA 인스퍼레이션, US 오픈, LPGA 챔피언십, 에비앙 챔피언십, 위민스 브리티시 오픈입니다. 이 대회들은 프로 골퍼에게는 꿈의 무대이지요. 한 해에 치러진 메이저 대회에서 3회 이상 우승하면 영광의 그랜드 슬램 달성자로 골프 역사에 이름을 아로새길 수 있습니다. 그렇다면 4대 메이저 대회는 어디에서 열릴까요? 골프 종주국 영국의 스코틀랜드에서 열리는 브리티시 오픈을 제외하면 모두 미국입니다. 골프의 시작은 영국이었지만, 골프를 세계적으로 대중화한 것은 미국이거든요.

흥미로운 점은 이 대회지가 모두 온대 습윤 지역에 속한다는 것입니다. 앞서 살펴보았듯 온대습윤기후는 연중 온난하고 습윤해 잔디 조성에 유리합니다. 자연 상태에서 별다른 환경 부담 없이 골프를 즐기기에 안성맞춤이지요. 모름지기 메이저 대회라면

두바이의 골프장 전경

시야가 탁 트인 푸른 잔디에서 펼쳐야 제맛일 테니까요. 제아무리 인공 골프장을 조성한다 해도 자연을 넘어설 수 없기에, 이 대회지가 모두 온대습윤기후라는 것은 지리적으로 보면 상식에 가깝습니다.

그러고 보니 잔디에서 펼쳐지는 여러 스포츠가 떠오르네요. 일정 규모의 잔디에서 펼쳐지는 축구, 테니스, 크리켓, 야구 등의 기원지는 어떤 환경 조건에 있을까요? 역시나 모두 온대습윤기후인 영국이 기원지입니다. 이 종목들은 골프처럼 비슷한 환경 조건을 지닌 유럽이나 미국으로 확산되어 프로 스포츠로 발전해 나갔어요.

과학기술의 발달로 환경 조건이 무색한 시대라지만, 여전히 자연환경은 인간의 생활 세계에 깊숙하게 관여하고 있습니다. 열사의 땅 두바이에 많은 골프장이 생기고 있지만, 지리적으로 보자면 써서는 안 되는 불모의 역사입니다. 자연환경을 넘는 인간의 시도는 결국 치러야 할 환경 비용이 너무 크기 때문입니다.

백패킹

BACKPACKING

배낭여행으로 세계 일주를 하는 상상을 해 봅시다. 세계 여러 지역의 낯선 경관과 새로운 사람을 만나는 나의 모습을 떠올리는 것만으로도 마음이 설렐 거예요. 코로나19 팬데믹으로 여행이 쉽지 않은 시기를 보낸 경험이 있기에 더욱 간절할지도 모르겠습니다.

실제로 여행을 떠나면 처음 보는 사람에게 호의를 베풀기도 하고, 난처한 상황에서 때로는 단비 같은 도움을 받기도 합니다. 나아가 다른 사회의 문화를 이해하고자 노력하는 과정에서 한층 성장하게 되지요. 이런 경험은 세계와 내가 보이지 않는 질서로 연결되어 있다는 모종의 연대 의식을 갖게 해 줍니다. 거창하게 보자면 세계 시민으로서의 세계관일 텐데요, 이상하리만치 배낭을 메면 마른 감성도 싹트곤 합니다.

배낭을 멨다면 가야 할 곳을 결정해야겠지요? 문화 경험이든 오지 탐험이든 뭐든 다 좋습니다. 중요한 것은 여행자만이 느낄 수 있는 오롯한 경험과 감성일 테지요. 자유롭게 여행을 떠날 수 있는 그 날, 어디로 가야 할지 망설여진다면 굴업도를 추천합니다. 첫손가락에 굴업도를 꼽은 까닭은 다른 곳에선 경험하기 힘든 지리적 포인트가 있기 때문이에요. 그게 뭘까 궁금하지요? 그렇다면 지도를 펴 굴업도를 찾아보세요.

백패커를 위한 공간 해설 하나, 굴업도 이력서

지도에서 굴업도를 확인하면 육지와 제법 멀리 떨어져 있어 놀라게 됩니다. 굴업도는 행정구역상 인천광역시 옹진군에 속하지만, 인천여객터미널에서 배를 타고 족히 두 시간을 가야 할 정도로 멀어요. 외해의 고립된 섬인지라 굴업도를 아는 이는 많지 않지요. 육지와 가까운 강화도가 일찍이 선조들의 주요 생활 무대가 되었던 것과는 대조적입니다. 하지만 이와 같은 절묘한 거리두기 덕에 굴업도는 독특한 이력을 갖게 되었어요.

본디 굴업도는 선사시대 패총◆이 발견될 정도로 일찍부터 사람이 살았던 곳입니다. 이런 굴업도의 존재감은 고려말에서 조선초에 실시된 공도정책(空島政策)으로 급격히 쇠락했습니다. 공도정책은 외부 세력으로부터 섬을 보호할 힘이 없을 때 섬 주민들을 다른 지역으로 이주하게 하는 정책이에요. 이후 굴업도는 수백 년 동안 무인도였지만, 구한 말부터 사람들이 들어와 살면서 오늘에 이릅니다.

굴업도는 지리적 위치 덕에 바다의 휴게소와 같은 역할을 했습

◆ **패총** 원시인이 먹고 버린 조개껍데기가 쌓여 이루어진 무더기. 주로 석기시대의 것으로 바닷가나 호반 근처에 널리 분포하며, 그 속에 토기나 석기, 뼈 따위의 유물이 있어 고고학의 귀중한 연구 자료가 된다.

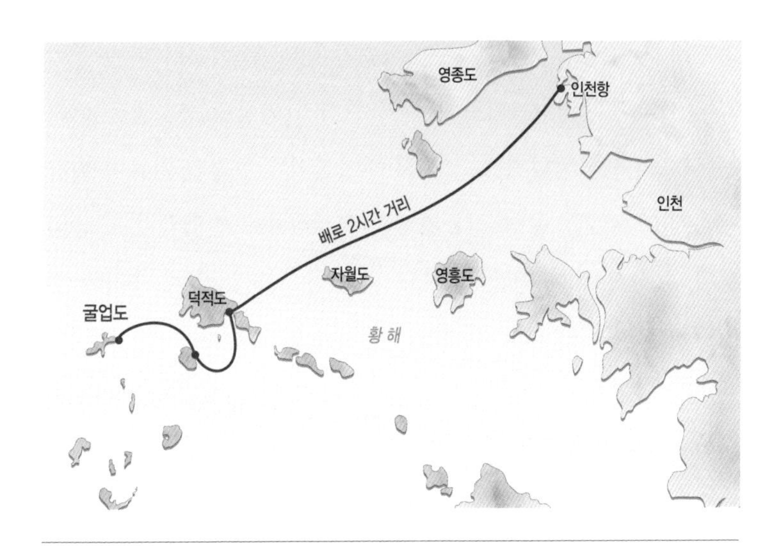

굴업도의 지리적 거리두기

니다. 먼바다로 나간 어선은 고속도로 휴게소처럼 굴업도를 드나들었지요. 굴업도는 물과 식량이 부족하거나 풍랑이 거셀 때, 어선이 머물 수 있는 소중한 기착지였습니다. 일제강점기에는 굴업도의 인지도가 한층 높아졌는데, 그 계기는 바로 민어 파시(波市)◆입니다.

굴업도의 연근해는 전통적으로 민어잡이가 활발했어요. 민어는 제주 해역에서 월동을 마치면 서해안을 따라 거슬러 올라 굴

◆ **파시** 고기가 한창 잡힐 때에 바다 위에서 열리는 생선 시장

업도에 닿습니다. 민어는 대형 어종인 데다 무엇 하나 버릴 것이 없어, 장마철부터 찬 바람이 불기 전까지 밥상에 풍성함을 더하는 최고의 생선이었지요. 그래서 민어잡이가 한창인 여름이 되면 겨우내 고요했던 굴업도가 활발한 어시장으로 변했습니다. 굴업도와 함께 민어 파시로 유명했던 신안군 재원도 역시 육지와 멀찌감치 거리를 둔 덕에 지리적 이점이 있었지요.

한편 굴업도의 지리적 거리두기는 유배지로 이용되기도 했습니다. 섬은 해양 중심의 세계에선 네트워크의 기지로서 기능하지만, 내륙 중심의 세계에선 사람의 발길이 쉽게 닿을 수 없는 외딴 곳이니까요.

비슷한 조건으로 흑산도, 거문도, 제주도가 그랬어요. 흑산도에 유배되었던 정약전은 《자산어보》를 통해 민어에 관해 다음과 같은 기록을 남겼습니다. '입과 비늘이 크며 맛이 달다. 익히거나 회로 먹는다. 말린 것은 더더욱 몸에 좋다.' 정약전이 유배지에서 민어에 관한 기록을 남길 수 있었던 것도 흑산도의 지리적 거리두기와 무관하지 않습니다.

백패커를 위한 공간 해설 둘, 굴업도의 생물다양성

갈라파고스 제도는 찰스 다윈이 진화론을 완성할 수 있도록 도운

애기뿔소똥구리

검은머리물떼새

화산 군도◆입니다. 갈라파고스 제도는 남아메리카 본토에서 약 1,000km 떨어져 있고, 섬 간의 거리도 비교적 일정한 지리적 특징이 있습니다. 그래서 다양한 생물종이 적절한 거리두기를 통해 환경에 맞도록 독자적인 진화를 거칠 수 있었어요. 이러한 관점에서 육지와 적절한 거리를 두고 있는 굴업도를 바라보면 이곳만의 독특한 생물종이 눈에 띕니다.

굴업도 남서쪽의 개머리 언덕에 오르면 염소와 사슴이 눈에 띄는데, 고유종은 아닙니다. 굴업도는 한때 소를 방목하기도 했지만 모두 다른 지역에서 들여온 외래종이에요. 개체 크기가 큰 외래종이 먼저 눈에 들어올 수는 있지만, 조금만 관심을 기울이면 고

◆ **군도** 무리를 이루고 있는 크고 작은 섬들

유종도 어렵지 않게 찾아볼 수 있습니다.

멸종위기야생동식물이 즐비한 개머리 언덕엔 왕은점표범나비, 두루미천남성 등이 살고, 인근 해안에는 먹구렁이, 미꾸리 등이 서식합니다. 하늘로 눈을 돌리면 천연기념물이자 멸종위기종인 매와 검은머리물떼새가 창공을 가르지요. 호기심 많은 백패커가 염소나 사슴 똥을 들추면 멸종위기종인 애기뿔소똥구리가 이방인을 반갑게 맞이합니다. 잠시 쉬어 갈 요량으로 나무 그늘을 찾다 보면, 난대식물인 동백나무와 한대식물인 홀아비바람꽃이 눈에 들어오고요. 이는 모두 굴업도의 생물다양성이 남다름을 엿볼 수 있는 증거랍니다.

작고 낮은 굴업도에 이토록 다양한 생태계가 조성될 수 있었던 까닭은 무얼까요? 크고 작은 원인이 있겠지만, 핵심은 지리적 거리두기입니다. 육지와의 거리가 멀수록 고유종이 있을 확률이 높아집니다. 울릉도와 독도의 다양한 고유종이 좋은 사례이지요.

《종의 기원》을 쓴 영국의 생물학자 찰스 다윈은 어떤 식으로든 섬에 들어간 동식물은 그 환경에 맞게 적응한다고 말했습니다. 육지와 거리가 먼 굴업도 역시 예외가 아니지요. 꽃사슴을 비롯한 외래종과 다양한 토착종을 만날 수 있다는 사실만으로도 백패커가 굴업도를 찾아야 할 충분한 이유가 됩니다.

백패커를 위한 공간 해설 셋, 굴업도 지형의 양면성

굴업도는 갈라파고스 제도와 마찬가지로 화산활동으로 형성된 화산섬입니다. 갈라파고스 제도가 신생대의 화산활동을 통해 탄생했다면, 굴업도는 중생대 백악기 말의 화산활동으로 생겨났지요. 굴업도는 한반도에 공룡이 번성했던 시기에 탄생한 탓에 그만큼 오랜 세월 동안 깎여 낮고 평탄합니다. 흥미로운 것은 굴업도의 생김새예요. 굴업도는 북동동-남서서 방향으로 동서로 좁고 길게 누운 모양 덕에 외해◆와 내해◆◆의 모습이 차별적이거든요. 이게 무슨 뜻이냐고요?

굴업도를 북동-남서 방향으로 잘라 보면 중국을 향하는 쪽은 주로 단단한 암반으로 구성된 침식지형이 많고, 반대쪽은 물질이 쌓여 만들어진 퇴적지형이 많습니다. 굴업도 바깥으로는 이렇다 할 섬이 없어서 외해를 면한 쪽은 바람에 의한 파도의 힘이 강하지요. 그래서 침식이 잦습니다. 강한 파도에 깎인 암반은 서서히 뒤로 밀리면서 암석이 노출된 해안 절벽으로 남았어요.

그러던 중 다른 곳보다 강해 좀 더 오래 버틸 수 있는 곳은 커

◆ **외해**(外海) 여기서는 섬을 기준으로 육지와 먼 방향의 바다를 뜻한다.

◆◆ **내해**(內海) 여기서는 섬을 기준으로 육지와 가까운 방향의 바다를 뜻한다.

파도의 침식 작용으로 만들어진 돌기둥인 코끼리 바위

다란 돌기둥으로 남는데, 그렇게 형성된 것이 바로 코끼리 바위입니다. 굴업도의 외해 쪽으로 나서면 이처럼 멋들어진 암석 해안 경관을 만날 수 있습니다.

맞은편에는 전혀 다른 공간이 펼쳐집니다. 굴업도의 내해 쪽에는 모래와 점토가 퇴적된 사빈(모래사장)이 발달해 있어요. 이는 내해가 강력한 파도의 힘에서 한 발짝 물러나 있어서 조류가 운반한 물질이 움푹 들어간 곳에 쌓일 수 있는 환경 조건에서 가능한 일입니다. 야외 활동으로 흙이 많이 묻은 운동화를 욕조 안에 놓

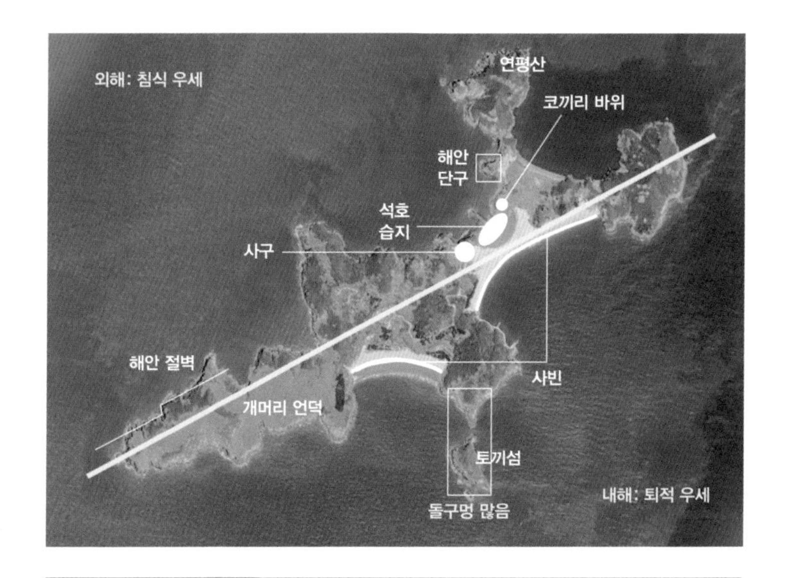

굴업도에 펼쳐진 다양한 지형 경관

고 샤워기로 물을 뿌리면, 운동화의 흙은 어느새 욕조의 가장자리에 쌓이겠지요? 굴업도 내해의 퇴적 지형이 만들어지는 것도 이와 같은 원리랍니다.

굴업도 내해에는 곳곳에 부식된 것처럼 구멍이 뚫린 독특한 암석도 많아요. 소금에 의한 화학적 변형에는 빈번한 안개가 관여합니다. 굴업도 주변의 해저에는 꽤 큰 단층이 발달해 있습니다. 좁고 깊은 심해가 큰 조수간만의 차와 맞물려 해저의 찬 바닷물이 수면 가까이 들어올려지고 따뜻한 바닷물과 섞입니다. 이러한 수온 차이로 안개가 자주 발생해요. 소금기 가득한 바다의 안개는 해안 암석에 달라붙어 화학반응을 일으킵니다. 굴업도 바위 곳곳에서 볼 수 있는 돌구멍은 바다 안개가 오랫동안 가꾼 흥미로운 미지형◆인 셈이에요.

굴업도 백패커를 위한 종합 안내문

굴업도 선착장에 내리면 우선 베이스캠프를 찾아야 합니다. 바람이 잔잔하다면 아무래도 개머리 언덕이 좋겠네요. 큰 마을을 굽이 돌아 남서쪽을 향해 걷다 보면 어느새 개머리 언덕입니다. 적당한 장소에 텐트를 치면 끝이에요. 다만 외해와 접한 굴업도는 언제든지 바람이 세질 수 있으니, 텐트를 단단하게 고정해야 합니다.

개머리 언덕을 한 바퀴 돌며 먼발치에서 꽃사슴을 감상한 뒤, 좋은 포인트를 찾아 굴업도 암석 해안을 조망해 보세요. 시원한 바닷바람과 낮은 언덕 그리고 바다와 하늘이 어우러진 경관인지라 인생 사진을 남기기에 이만한 장소가 없습니다. 개머리 언덕

◆ **미지형** 아주 작은 기복이 있는 지형을 뜻한다. 크기에 관해 엄밀한 정의는 없지만, 대체로 토양, 바위, 석회암 지형 등의 단위에서 독특한 모양을 하는 경우가 많다.

개머리 언덕은 백패커들에게 인기가 높다.

에서 굴업도의 천연기념물을 찾아보고, 붉은 낙조를 감상하는 것도 잊지 마세요.

개머리 언덕에서 하루를 보내고 나면 다시 큰 마을을 지나 맞은편 코끼리 바위 쪽으로 향하는 것도 좋습니다. 가는 길에 펼쳐진 해변에선 걸음을 멈춰 해양생물도 만나고 맨발로 모래도 밟아 보자고요. 푹푹 꺼지는 동해안의 모래와는 사뭇 다른 느낌을 받을 수 있는데, 모래 속에 점토가 섞여 있기 때문이에요. 그래서 모래사장처럼 보여도 다양한 생물종을 관찰할 수 있답니다.

연평산에서 바라본 굴업도의 모습

코끼리 바위에 도착하면 코끼리처럼 보이는 각도를 잘 찾아 기념사진을 찍고 목기미 습지로 향해 보세요. 여름이라면 습지에 물이 제법 고여 있을 테고, 겨울이라면 거의 말라 바닥이 드러나 있을 거예요. 제법 다양한 동식물이 기대어 사는 곳이니, 손으로라도 이곳저곳을 파 보면 색다른 생물들을 발견할 수 있습니다.

굴업도에서의 여정을 마치면 잠시 배낭을 내려놓고 나무 그늘에 앉아 생각해 봅시다. 굴업도는 한때 국가로부터 핵폐기물 처리장으로 지정되었으나, 단층이 지나는 곳이라 철회된 바 있어요.

굴업도를 소유한 어느 대기업은 굴업도 전체를 관광단지로 만들거나 해상풍력발전 단지를 조성하려고 하고요. 굴업도에 관련된 일련의 흐름을 짚다 보면, 언젠가 굴업도는 소수에게만 허락된 그들만의 섬이 될 것 같아 걱정이 됩니다.

'백패킹의 성지'라는 타이틀은 중요하지 않습니다. 억겁의 세월 동안 자연이 빚어 온 굴업도의 환경을 인공 구조물로 채우는 것이 과연 바람직한가에 대해 함께 생각해 보고 이야기를 나누는 것이 더 중요하겠지요. 배낭을 메고 굴업도를 찾았다면 자문해야 합니다. 굴업도의 아름다움은 나에게 어떤 의미인지, 굴업도의 개발은 진정 누구를 위한 일인지를 말입니다.

이미지 출처

17쪽 양평패러글라이딩파크(http://www.nanosky.co.kr/ab-6787963-11)의 자료를 참조해 제작함.

95쪽 국립중앙박물관

97쪽 서울대학교 규장각한국학연구원

102쪽(위) '한국향토문화전자대전', 한국학중앙연구원

102쪽(아래) 국립생물자원관(원작자: 김병직)

191쪽 연합뉴스

205쪽(왼쪽) 국립생물자원관(원작자: 강홍구)

205쪽(오른쪽) 국립생물자원관

208쪽 게티이미지

211쪽 게티이미지

- 크레딧 표시가 없는 이미지는 셔터스톡 제공 사진입니다.

스포츠로 만나는 지리

1판 1쇄 발행일 2021년 10월 4일
1판 4쇄 발행일 2023년 4월 24일

지은이 최재희

발행인 김학원
발행처 (주)휴머니스트출판그룹
출판등록 제313-2007-000007호(2007년 1월 5일)
주소 (03991) 서울시 마포구 동교로23길 76(연남동)
전화 02-335-4422 **팩스** 02-334-3427
저자·독자 서비스 humanist@humanistbooks.com
홈페이지 www.humanistbooks.com
유튜브 youtube.com/user/humanistma **포스트** post.naver.com/hmcv
페이스북 facebook.com/hmcv2001 **인스타그램** @humanist_insta

편집주간 황서현 **편집** 이여경 이영란 **디자인** 유주현 **본문 일러스트** 신병근 **지도** 임근선
조판 홍영사 **용지** 화인페이퍼 **인쇄·제본** 정민문화사

ISBN 979-11-6080-714-1 43980